Luftfahrt und Wissenschaft

In freier Folge herausgegeben
von
Joseph Sticker

Heft 1

Luftfahrtrecht

Von
Josef Kohler

Berlin
Verlag von Julius Springer
1912

Luftfahrtrecht

Von

Professor **Josef Kohler**

Berlin
Verlag von Julius Springer
1912

Stiftung des Kaiserlichen Aero-Clubs, Berlin.

ISBN 978-3-7091-9580-2 ISBN 978-3-7091-9827-8 (eBook)
DOI 10.1007/978-3-7091-9827-8

Zur Einführung.

Mit früher nie gekannter Raschheit vollzieht sich in unseren Tagen der Entwicklungsgang neuartiger technischer Errungenschaften. Wenn dieses Tempo bereits bei den Problemen der elektrischen Lichtleitung und Kraftumformung, bei der Ausbildung des Fernsprechers und der Funkentelegraphie ein immer mehr beschleunigtes wurde, so gestaltete sich der Fortschritt zu einem geradezu stürmischen bei dem jüngsten, in mancher Hinsicht merkwürdigsten Kinde der schaffenden Technik, so recht dem eigentlichen Schoßkinde neuerer Zeit: der Luftfahrt. Mit angehaltenem Atem sieht der moderne Mensch auf diesem Gebiete Wunder zu Taten, Taten zu Alltäglichkeiten werden. So mußte alsbald auch ein überaus starkes Bedürfnis nach Belehrung über die Möglichkeiten und Bedingungen solch' einzigartiger Entwicklung, über Gegenwärtiges und künftig zu Erhoffendes sich überall fühlbar machen.

Solchem allgemeinen Bedürfnis nachzukommen, beeilen sich in allen Kulturländern, nicht am wenigsten sicherlich in Deutschland, vielfältige Veröffentlichungen wissenschaftlicher, technischer und populärer Natur, in Form von Buch und Abhandlung, als Zeitschrift und zwanglos erscheinender Beitrag. Zu diesen letzteren gesellt sich nunmehr in „Luftfahrt und Wissenschaft" ein neues Unternehmen; die Herausgeber hoffen, daß es sich auch als n e u a r t i g erweisen werde.

Wir wollen weder über den täglichen Fortschritt auf dem weiten Gebiete der Luftfahrt berichten, noch für Systeme, Schulen oder Ansichten die Lanze brechen, noch agitatorisch wirken. Auch sollen nicht in diesen Blättern Ergebnisse niedergelegt werden von Forschungen, bei welchen die Luftfahrt zufälliges Mittel zum Zwecke ist, die sich aber wesentlich mit dem Studium der Physik oder der Chemie der Atmosphäre befassen. Den Herausgebern schwebte in erster Linie der Gedanke vor, daß es an der Zeit sei, heute, wo die Aeronautik — im weitesten Sinne — Berührungspunkte mit nahezu allen Wissenszweigen gewonnen hat, sich auf diesen Grenzgebieten umzusehen, und mindestens vorläufig durch berufene Federn festzustellen, was die älteren Schwestern zu dem Eindringling zu sagen haben, worin sie ihm zu Danke verpflichtet sind, wo sie im Gegenteile Dank beanspruchen können dafür, daß sie sich der neuen und eigenartigen Schwester zur Verfügung gestellt haben. Neben dem ganzen Heere der technischen und physikalischen Wissenschaften sollen Jurisprudenz und Physiologie, Astronomie und Lichtbildkunst, die Erdkunde im allgemeinen, wie im besonderen Kolonial- und Polarforschung zu Worte kommen, und noch manch' anderer Wissenszweig. Außerdem aber hoffen die Herausgeber der Luftfahrt und der Wissenschaft zu dienen, wenn sie die Veröffentlichung von speziellen Untersuchungen ermöglichen, welche in Zeitschriften oft schon ihres Umfanges wegen gar nicht, oder zum Nachteile der Sache nur in stark gekürzter Form erscheinen können.

Gediegene Einzeldarstellungen dieser Art, von ernsten Forschern und Sachkennern herrührend, deren Leistungen nicht entschädigt werden sollen in Abhängigkeit von geschäftlichen Überlegungen, sondern durch hochherzige Sonderstifter der einzelnen Hefte, müßten sich — so hoffen wenigstens die Unterzeichneten, die an dem Unternehmen ein ausschließlich ideelles Interesse haben — neben all' dem Guten und Brauchbaren, das die Jetztzeit auf unserem Gebiete bereits bringt, immerhin als wertvoll erweisen. — A. Berson.

Herausgeber und Schriftleitung.

Ein Verzeichnis der nächstfolgenden Hefte findet sich am Schluß.

Einleitung.

§ 1.

Das Luftfahrtrecht, d. h. die Zusammenstellung der Normen, welche die Luftfahrzeuge und ihren Verkehr beherrschen, ist kein einheitlicher Rechtszweig, vielmehr handelt es sich um eine Reihe von Rechtsgebieten, welche durch die Probleme der Luftfahrt berührt werden. Man könnte es darum für allein wissenschaftlich erachten, in den entsprechenden Rechtsmaterien einfach die bei der Luftfahrt entstehenden Probleme nebenbei zu besprechen. Jedoch hängen diese Probleme wieder so sehr miteinander zusammen, daß es ein Gebot der Wissenschaft ist, sie auch in der Darstellung zusammenzufügen, allerdings mit ständiger Beziehung zu den Wissensgebieten, in welche sie einschlagen; also einen Querschnitt durch die Wissenschaften zu machen und überall die Luftfahrtsätze als Ausläufer allgemeiner wissenschaftlicher Lehren darzustellen.

Dies ist noch aus einem besonderen Grunde von größter Bedeutung. Eine große Reihe von Problemen läßt sich heutzutage noch nicht in einer Weise lösen, daß die Lösung als geltendes Recht erscheinen kann, sofern man unter geltendem Recht dasjenige versteht, was in Gesetz oder Praxis zum bestimmten Ausdruck gekommen ist; in vielen Beziehungen muß hier die Wissenschaft schöpferisch vorgehen und diejenige Rolle spielen, welche dem Richter zukommt, wenn er Fragen zu entscheiden hat, die das geltende Recht offen läßt. Die Wissenschaft hat dann eine gesetzgeberische Gewalt, welche jeder kennt, der sich mit völkerrechtlichen Fragen und Aufgaben beschäftigt hat.

Dies erheischt vor allem eine zusammenfassende Darstellung, welche Unbekanntes an Bekanntes, Unsicheres an Sicheres anreiht und der Aufgabe und den Zwecken des Ganzen die teleologische Entscheidung zu entnehmen sucht. Die Frage des privatrechtlichen Luftraumeigentums, der staatsrechtlichen Luftraumherrschaft, die Frage der Entschädigungspflicht, die Frage der Neutralität, die Zulässigkeit völkerrechtlicher Einwirkungen, die verschiedenen Fragen des internationalen Zivil- und Prozeßrechtes, alle haben gemeinsame Berührungspunkte und lassen sich nur von einem Gesichtspunkte aus richtig lösen, von dem aus man das ganze Gebiet überschaut.

Damit ist das Luftfahrtrecht als einheitlicher Gegenstand wissenschaftlicher Darstellung gerechtfertigt.

Die bisherige Literatur ist nicht unbeträchtlich; in Frankreich hat sich eine besondere Regsamkeit entwickelt, und man hat eine eigene Zeitschrift gegründet, Revue juridique internationale de la locomotion aérienne, welche im 2. Jahrgang steht. Fauchille vor allem hat durch seinen Gesetzesvorschlag und seine Begründung die Sache wesentlich gefördert; vgl. auch Nys, Revue de droit intern. et législ. comp. IV p. 501 f.

In Deutschland sind namentlich folgende Schriften zu verzeichnen: Meili, Das Luftschiff und die Rechtswissenschaft, Zitelmann, Luftschiffahrtsrecht, Meurer, Luftschiffahrtsrecht, Bodenheim, Das Privatrecht der Luftschiffahrt, Warschauer, Luftrecht, Alex. Meyer, Erschließung des Luftraumes, Grünwald, das Luftschiff in völkerrechtlicher und strafrechtlicher Beziehung, Würth, Luftzollrecht, Sperl, Luftschiffahrt vom Standpunkte der Rechtswissenschaft[1]); dazu erwähne ich meinen Aufsatz: Die Luftschiffahrt im Völkerrecht in Zeitschr. f. Völker- und Bundesstaatsrecht IV, S. 588 f.

In Italien ist eine gründliche Darstellung erschienen, Catellani, Il Diritto Aëreo und in England eine lehrreiche Schrift von Hazeltine, The law of the air. Dazu treten die amerikanischen Aufsätze von Baldwin, Kenny, Kuhn.

Von Bedeutung waren, abgesehen von Pariser Kongressen[2]), der Kongreß von Verona 1910 und die Madrider Verhandlung des Instituts für Internationales Recht 1911; ferner der Luftfahrertage in Rom 25.—27. November 1911.

---

[1]) Weitere Literatur bei Sperl in der Revue générale de droit intern. publ. XVIII p. 473, worauf verwiesen wird, da eine erschöpfende Aufzählung hier nicht beabsichtigt ist.

[2]) Premier congrès du comité juridique international de l'aviation, 31. Mai und 1. Juni 1911, Locom. aér. II p. 283 f.

I. Privatrecht.

1. Personen und Sachenrecht.

§ 2.

Eine besondere Regelung bedarf das Privatrecht der Luftfahrt nur nach gewissen Seiten hin; denn meistens handelt es sich um Fragen, die auch in anderen Gebieten auftreten und die nur eben auch die Luftfahrt betreffen, sofern sie in die eine oder andere Sphäre des Rechtes eingreift.

So was die Verschollenheit angeht: unser Recht kennt außer der gewöhnlichen Verschollenheit eine Kriegs-, eine See- und eine Gefahrverschollenheit; letztere (§ 17 BGB.) kommt hier in Betracht. Wer in Lebensgefahr geraten und seitdem verschollen ist, kann für tot erklärt werden; doch ist eine Probefrist von 3 Jahre abzuwarten. Als Moment der Lebensgefahr aber kann nicht der betrachtet werden, in welchem der Luftfahrer aufsteigt, denn unter Lebensgefahr im Sinne des § 17 ist eine präsente, nicht eine eventuelle Lebensgefahr zu verstehen. Es kann daher nur der Zeitpunkt maßgebend sein, in welchem es sicher ist, daß das Luftfahrzeug ein die Person gefährdendes Unheil erlitten hat, und dem steht es gleich, wenn das Luftfahrzeug so lange nichts von sich hören läßt, daß ein derartiges Unheil ohne weiteres anzunehmen ist, was nach den Umständen des Falles beurteilt werden muß[1]). Ebenso können Fragen auftauchen über den unlauteren Wettbewerb, die etwaige Anschwärzung (Disqualifikation) [2]), und die Patentverletzung.

Die Luftfahrzeuge gehören zu den beweglichen Sachen, sie werden daher im dinglichen Rechte nach den Grundsätzen der beweglichen Sachen behandelt; so was die Übertragungen des Eigentums betrifft durch Besitzübergabe, durch Übergabe brevi manu, durch Konstitut und eventuell durch bloßen Vertrag, § 931 f. BGB. Es kann daher beispielsweise auch ein Fahrzeug, das verloren gegangen ist und vielleicht später auftaucht, durch bloßen Vertrag, oder, wie das BGB. sagt, durch Übertragung des Herausgabeanspruchs zu Eigentum übertragen werden; und wird ein etwa im Mietbesitz eines anderen befindliches Fahrzeug übereignet, so hat der Erwerber den Mietsvertrag auszuhalten, § 986 BGB. Das Pfandrecht daran ist ebenfalls ein bewegliches Pfand; es wird bestellt durch Einigung und Übertragung, sei es nun an den Pfandgläubiger oder an einen Treuhänder. Alle Bestimmungen, welche von der Übertragung der Pfandforderung und der damit verbundenen Übertragung des Pfandrechtes handeln, gelten auch hier; ebenso die Bestimmungen über die Verwertung des Pfandes durch Verkauf, § 1234 f. BGB. Die Pfändung geschieht durch Signierung.

---

1) Lehrbuch des bürgerl. Rechts I, S. 291.

2) Seinetrib. 14. Dez. 1911 (Sportnachricht).

Angezeigt wäre es allerdings, für die Übertragung und Verpfändung die bei Grundstücken und Seeschiffen üblichen Publikationsmaßregeln zu wahren; insbesondere wäre es empfehlenswert das Pfandrecht nach § 1260 f. BGB. zu gestalten und namentlich zu bestimmen, daß die Verwertung nur kraft vollstreckbaren Titels nach den Grundsätzen der Zwangsvollstreckung geschehen könnte; und auch für die Zwangsversteigerung wäre ein Verfahren nach Rechtsähnlichkeit des § 162 Zwangs-Verst.-Ges. angemessen.

Der Grundsatz, daß ein segelfertiges Schiff nicht der Zwangsvollstreckung unterliegt (§ 482 BGB.), ist auch auf Luftschiffe anwendbar.

Besondere Rechtsverhältnisse können für die Aufstieg- und Abstiegstätten eintreten. Hier kann natürlich ein Eigentum der Luftschiffunternehmung bestehen, welches keinen anderen als den gewöhnlichen Grundsätzen unterliegt; auch eine persönliche Dienstbarkeit, und von ihr gilt, was ich längst ausgeführt habe, daß es ein Unding ist, persönliche Dienstbarkeiten stets auf das Leben einer Person zu stellen. Handelt es sich allerdings um eine juristische Person, z. B. um eine Aktiengesellschaft, dann ist die Befugnis nicht von den Fährnissen eines menschlichen Lebens abhängig; und wenn die Gesellschaft Umwandlungen erfährt, z. B. die Aktiengesellschaft in eine Gesellschaft mit beschränkter Haftung übergeht, oder zwei Aktiengesellschaften sich fusionieren, dann bleibt das Recht bestehen, weil die Persönlichkeit nicht untergeht, sondern in einer höheren Einheit fortlebt[1]). Ist aber der Unternehmer eine physische Person, so wäre ein solches Recht gefährdet, wenn es nur bis zu ihrem Tode bestünde, und daher muß man, wie bereits anderweitig hervorgehoben, die gesetzliche Bestimmung, wenn auch mit einer gewissen Gewaltsamkeit, dahin ausdeuten, daß die persönliche Dienstbarkeit an dem Unternehmen haftet, mit ihm bleibt und mit ihm übergeht[2]).

§ 3.

Besonders eigenartig aber ist das Luftrecht des Grundeigentümers; denn wenn auch dieses auf dem Grundsatze des Eigentums beruht, so treten doch durch die Luftfahrt so eigentümliche Verwicklungen ein, daß es angemessen ist, es als Sonderrecht zu behandeln.

Das Eigentum an Grund und Boden und die dem Eigentum entsprechenden Besitzrechte, wie der Nießbrauch oder das Erbbaurecht, erstrecken sich in die Luftsäule hinauf, und der Eigentümer braucht im allgemeinen nur diejenigen Einwirkungen in den Luftraum zu gestatten, die entweder aus dem üblichen Nachbarverkehr entspringen oder für deren Verbot wegen der großen Höhe kein Interesse mehr spricht. Ohne diesen Grundsatz ist nicht auszukommen: Luft und Licht, ja auch der freie Himmel gehören zu den Lebensbedingungen des Menschen; Dinge, die im Luftraum geschehen, können den Boden unbewohnbar machen, oder jedenfalls die Benutzung im höchsten Grade beeinträchtigen.

Man hat hierbei allerdings auf die Unmöglichkeit verwiesen, die Grenzen

---

1) Deutsche Juristenzeitung XVI, S. 1261.

2) Rheinische Zeitschr. III, S. 420 f.

zweier Grundstücke im Luftraume genau feststellen, solange keine besonderen Vorrichtungen für die Markierung der Vertikallinie vorhanden sind; indes diese Schwierigkeit hindert die grundsätzliche Richtigkeit nicht, ebensowenig wie bei den Gewässern, wo eine solche Grenzscheidung im einzelnen oft kaum durchführbar ist. Das Recht ist für das Leben da und nicht für die Mathematik, und das Leben macht die Grenze genügend bemerklich, wenn auch die Geometrie gebricht. Außerdem ist anzunehmen, daß die Zukunft Mittel der Feststellung finden kann und finden wird.

Auf der anderen Seite drängen allerdings unsere modernen Bedürfnisse dahin, den Luftraum in der einen oder anderen Weise frei zu verwerten, und hier hat man sich auf die obige Beschränkung bezogen und ausgesprochen: je höher der Luftraum vom Boden entfernt ist, umso weniger wird die Benutzung ein Interesse des Eigentümers verletzen.

Der Grundsatz, daß das Eigentum nicht mehr durchgreift, wo wegen Entfernung vom Boden das Interesse gebricht, findet sich im Deutschen und im Schweizer Gesetzbuch, im Deutschen § 905 und im Schweizer § 667. Schon früher bestand eine ähnliche Bestimmung im Graubündener Gesetzbuch § 195.

Das Deutsche BGB. § 905 lautet: Das Recht des Eigentümers eines Grundstücks erstreckt sich auf den Raum über der Oberfläche und auf den Erdkörper unter der Oberfläche. Der Eigentümer kann jedoch Einwirkungen nicht verbieten, die in solcher Höhe oder Tiefe vorgenommen werden, daß er an der Ausschließung kein Interesse hat.

Das Schweizer ZivilGesB. § 667 besagt: Das Eigentum an Grund und Boden erstreckt sich nach oben und unten auf den Luftraum und das Erdreich, soweit für die Ausübung des Eigentums ein Interesse besteht.

Die deutsche Fassung ist vorzuziehen; denn hier ist folgendes zum Ausdruck gebracht: Nicht nur theoretisch sondern auch praktisch reicht die Eigentumssphäre in die höchste Höhe hinan; das Eigentum ist nur damit belastet, daß Einwirkungen, welche den Eigentümer nicht berühren, seinem Verbote nicht mehr unterliegen; dagegen darf man sich der Auffassung nicht hingeben, als ob in einer bestimmten Höhe, von welcher aus erfahrungsgemäß Einwirkungen den Erdboden nicht mehr berühren, das Eigentum überhaupt aufhöre zu existieren; denn wo heute keine schädigenden Einwirkungen mehr möglich sind, sind sie morgen möglich, und Regionen, die früher ohne jede Verbindung mit dem Erdboden waren, können jetzt durch Vermittlung des Luftfahrzeugs mit ihm verbunden werden. Auch ist es unrichtig, anzunehmen, daß überhaupt Einwirkungen von höchsten Höhen aus den Eigentümer nicht mehr verletzen können; denn nicht nur kann das Auswerfen schwerer, fester Gegenstände verderblich werden, sondern ein Luftfahrzeug kann herabgerissen werden und Schaden anrichten. Man muß vielmehr umgekehrt sagen: diejenigen Betätigungen, welche den Eigentümer nicht beeinträchtigen, sind statthafte Lizenzen: das Eigentum besteht, aber es muß sich gewisse Einwirkungen Dritter gefallen lassen; ob diese aber unschuldig sind oder nicht, ist nur im besonderen Fall zu entscheiden: eine bestimmte Höhe, welche den Dritten absolut immunisiert, gibt es nicht.

Die richtige Fassung geht also nicht dahin, daß etwa eine horizontale Grenze in bestimmter Höhe gezogen wird, von welcher aus die Berechtigung des Eigentümers aufhört. Das wäre ja auch ganz irrationell; man kann nicht wissen, mit welchen Mitteln ein Grundeigentümer künftig sich in die Höhe erheben kann, nicht nur durch Türme wie den Eifelturm und Funkentelegraphentürme, sondern auch durch daran befestigte Fesselballons u. a. Man kann auch nicht wissen, mit welchen Mitteln man künftig von oben nach unten zu wirken vermag. Auch in dieser Beziehung muß man mit den unbegrenzten Möglichkeiten der Zukunft rechnen. Vielmehr geht das Eigentum so weit als möglich, und nur gewisse Betätigungen Dritter müssen geduldet werden, sofern sie die Interessen des Grundeigentums nicht stören, oder auch kraft eines Sonderrechts, wenn die Störung durch überwiegende öffentliche Interessen gerechtfertigt ist.

Von besonderer Bedeutung für die Geschichte dieser Theorie war im englischen Recht eine Entscheidung des Lord Ellenborough von 1815. Während Coke und Blakstone[1]) davon ausgehen, daß das Eigentum bis zum Himmel hinauf reicht, macht Lord Ellenborough einige Beschränkungen und sagt folgendes:

„I do not think it is a trespass to interfere with the column of air superincumbent on the close ...... I am by no means prepared to say that firing across a field in vacuo, not part of the contents touching it, amounts to a „clausum fregit“[2]). Nay, if this board overhanging the plaintiffs garden be a trespass, it would follow that an aeronaut is liable to an action quare clausum fregit at the suit of the occupier of every field over which his balloon passes in the course of his voyage. Whether the action may be maintained would depend upon the length of time for which the superincumbent air is invaded. If any damage arises from the object which overhangs the close, the remedy is by an action on the case.“

So hat denn auch die englische Entscheidung Clifton v. Bury 4 Times Law Review 8 (Hazeltine p. 68) in einem besonderen Falle erklärt, daß das Schießen einer Kanonenkugel bei einer Höhe von 75 Fuß über dem Gelände nicht mehr ein trespass sei.

Im übrigen hat sich die Frage des Luftrechts neuerdings namentlich im Telegraphen- und im Jagdwesen geregt.

Man hat vielfach ausgesprochen, daß das Überspannen mit elektrischen Drähten regelmäßig eine Beeinträchtigung des Eigentums ist[3]). Vergl. Trib. Tours 19. I. 1887, Dalloz 1900 II. p. 361 (Note):

Le fait par la société d'avoir placé audessus de la propriété des demandeurs des fils destinés à soutenir sa cheminée et un câble conducteur de la lumière électrique, quelle que soit leur élévation audessus du sol, constitue un trouble à la propriété.

Trib. Compiègne 19. XII. 1888, Dalloz 1900 II, p. 361 (Note):

L'espace aérien, c'est-à dire la partie utilisable existant au-dessus du sol ne peut, comme étant compris dans la propriété du sol, être utilisé sans l'autorisation du propriétaire.

---

1) Blackstone II 2, 18: Land hath also, in its legal signification, an indefinite extent, upwards as well as downwards.

2) Vgl. Blackstone III 12, 209: Every unwarrantable entry on another's soil the law entitles a trespass by breaking his close; the words of the writ of trespass commanding the defendant to shew cause, *quare clausum querentis fregit* . . .

3) Die Hinweise auf diese und andere Entscheidungen sind (ebenso wie andere Verweisungen den lehrreichen Arbeiten von Lycklama in Locom. aérienne I p. 274 f. zu verdanken.

So Friedensgericht Lille 15. XI. 1899, Dalloz 1900 II, p. 631:

Il est indéniable que l'existence de fils et surtout de câbles électriques posés au-dessus d'un immeuble n'est pas sans gêne et sans inconvénients pour le possesseur du fonds et que la rupture toujours possible d'un câble peut y occasionner des dégâts; qu'il suffit d'un préjudice éventuel pour justifier l'action possessoire en complainte.

So Trib. Bordeaux 27. XI. 1908, Locom aér. I, p. 84:

Le législateur a défini avec précision les cas, dans lesquels la règle de l'art. 552 reçoit actuellement exception, mais que les exceptions étant de droit étroit elles ne sauraient être étendues au profit d'autres que ceux qui ont été visés dans la loi (es handelte sich um das Gesetz vom 15. 6. 1906 — vgl. unten S. 8).

Auch in England wurde in Bezug auf die Telegraphendrähte der Satz ausgesprochen, daß das Recht des Grundeigentümers in die unbestimmte Höhe reicht und daß das Anbringen von Drähten in irgend einer Höhe Verletzung des Eigentums sei, so *Wandsworth Board of Works v. The United Telephon Co.*, *Finchley Electric Lightning Co. v. The Urban District Council* (bei Hazeltine p. 64).

Für das Jagdrecht kommt die gleiche Frage in Betracht. Der auf seinem Jagdgebiete Stehende darf nicht in das Jagdgebiet des Anderen schießen; dieses Jagdgebiet erstreckt sich auch auf den Luftraum und die dort befindlichen Vögel.

Die Ansicht ist in der französischen Praxis allerdings nicht unbestritten, aber vorwiegend.

Trib. Douai 13. XII. 1879, Dalloz 1880, III, p. 103[1]):

Il faut .... se demander, si l'air qui nous environne, si l'espace qu'on appelle le domaine des oiseaux peut être considéré comme étant la propriété exclusive du propriétaire du sol pour la partie de cet espace qui correspond à l'étendue du terrain dont il est propriétaire; que la négative selon ce qu'enseigne d'ailleurs la doctrine ne paraît pas pouvoir faire de doute.

Appellhof Amiens 19. II. 1896, Dalloz 1896, II, p. 464 (auch in Locom. aër. I, p. 51):

Le fait de tirer d'un endroit où on a le droit de chasse sur un gibier qui se trouve au-dessus d'un endroit où on n'a pas le droit de chasse, constitue incontestablement le délit de chasse sur le terrain d'autrui, le droit de propriété s'étendant aussi bien audessus du sol qu'à sa surface.

So auch der Appellhof Paris 18. IV. 1864, Dalloz 1880, III, p. 103 (Note).

Ferner Appellhof Lyon 9. IV. 1903, Dalloz 1906, II, p. 178:

Au moment où il a tiré ses deux coups de fusil les canards se trouvaient encore audessus de la Saône, d'où ils venaient de se lever[2]).

Auch bei uns nimmt man an, daß das Schießen vom eigenen Jagdrevier in das fremde Gebiet Verletzung des Jagdrechtes sei; daher entschied auch das Preuß. Obertrib. 16. VI. 1869 umgekehrt, daß das Schießen von fremdem Jagdgebiet in das eigene kein Jagdvergehen sei, höchstens liege das Delikt des unbefugten Betretens des fremden Jagdgebietes in Jagdrüstung vor[3]). Es handelte sich allerdings

---

[1]) Bestätigt vom Appelh. Douai 11. Februar 1880. Doch ist der Appelhof Douai am 8. Juni 1887 Dall. 1896, II p. 469. von dieser Ansicht zurückgekommen.

[2]) Vgl. die Zitate ebenda Note 1. Man darf in Frankreich nur mit Staatsgenehmigung über öffentlichen Flüssen schießen.

[3]) Goltdammer Archiv XVII S. 663. Hierzu Dickel in Loreys Handb. der Forstwissenschaft S. 285.

nicht um einen im Luftraum befindlichen Vogel, und die Entscheidung hat darum keine volle Schlußkraft.

§ 4.

Von Lizenzen, welche das Lufteigentum beschränken, war oben die Rede.

Nach zwei Richtungen hin hat die Gesetzgebung sich genötigt gesehen besondere Lizenzen zu geben, nämlich für elektrische Stromleitungen, welche dem öffentlichen Nutzen dienen, und für die Funkentelegraphie.

Man vergleiche: Deutsches Telegraphenwegegesetz vom 18. XII. 1899.

§ 12 Die Telegraphenverwaltung [1]) ist befugt, Telegraphenlinien durch den Luftraum über Grundstücke, die nicht Verkehrswege im Sinne dieses Gesetzes sind, zu führen, soweit nicht dadurch die Benutzung des Grundstücks nach den zur Zeit der Herstellung der Anlage bestehenden Verhältnissen wesentlich beeinträchtigt wird. Tritt später eine solche Beeinträchtigung ein, so hat die Telegraphenverwaltung auf ihre Kosten die Leitungen zu beseitigen.

Beeinträchtigungen in der Benutzung eines Grundstücks, welche ihrer Natur nach lediglich vorübergehend sind, stehen der Führung der Telegraphenlinien durch den Luftraum nicht entgegen, doch ist der entstehende Schaden zu ersetzen. Ebenso ist für Beschädigungen des Grundstücks und seines Zubehörs, die infolge der Führung der Telegraphenlinien durch den Luftraum eintreten, Ersatz zu leisten.

Die Beamten und Beauftragten der Telegraphenverwaltung, welche sich als solche ausweisen, sind befugt, zur Vornahme notwendiger Arbeiten an Telegraphenlinien, insbesondere zur Verhütung und Beseitigung von Störungen, die Grundstücke nebst den darauf befindlichen Baulichkeiten und deren Dächern, mit Ausnahme der abgeschlossenen Wohnräume, während der Tagesstunden nach vorheriger schriftlicher Ankündigung zu betreten. Der dadurch entstehende Schaden ist zu ersetzen.

Französisches Gesetz sur les distributions d'énergie, 15. juin 1906. Art. 12. § 2.

La déclaration d'utilité publique d'une distribution d'énergie confère au concessionnaire le droit de faire passer les conducteurs d'électricité au-dessus des propriétés privées [2]).

Italienisches Gesetz vom 7. Juni 1894 Nr. 232 über trasmissione a distanza delle correnti elettriche (gegen Entschädigung), Gesetz v. 15. Februar 1903 Nr. 32, Dekret v. 3. Mai 1903 Nr. 196a 4 ff. (gegen Entschädigung).

Für England galt zunächst die Telegraph Act. 1863 (26 & 27 Vict. Cap. 112).

Sec. 21. The company shall not place any work by the side of any land or building, so as to stop, hinder or interfere with ingress or egress for any purpose to or from the same, or place any work under, in, upon, over, along, or across any land or building, except with the previous consent in every case of the owner, lessee, and occupier of such land or building.

Spätere Gesetze erweiterten das Telegraphenrecht, so Gesetz von 1878 (41, 42 Vict. c. 76); ja sie gaben ein gewisses Enteignungsrecht, wobei die Railway and Canal Commissioners die Entscheidung zu geben haben, vorbehaltlich der Anrufung des Parlaments

So Gesetz von 1892 (55, 56 Vict. c. 59 a. 2).

If the Postmaster-General considers that the inhabitents of any district . . . . are debarred from the public convenience of telegraphic communication owing to the refusal or failure of any person being the occupier, lessee or owner of any land or building to

[1]) Mit Rücksicht auf das Telegraphenmonopol.

[2]) Früher Gesetz 28. 7. 1885 zugunsten der staatlichen Telegraphie.

consent to the construction . . . . he may apply to the Railway and Canal Commission, and that Commission if satisfied . . . . may make an Order consenting to the construction or maintenance of the work either unconditionally or subject to such pecuniary or other terms, conditions and stipulations as the Commission think just and such consent shall have effect as a consent given by the said person to the construction or maintenance of such work.

Der Beeinträchtigte kann aber in einem Monat verlangen, daß die Sache dem Parlament vorgelegt werde und dann soll der Order

shall have no effect until confirmed by Parliament.

Und in der Telegraph (Construction) Act. v. 1908 (8 Ed. 7, c. 33) heißt es:

5. — (1) Where any tree overhangs any street or public road and obstructs or interferes with the working of any telegraghic line constructed along that street or road or will obstruct or interfere with the working of any telegraphic line about to be so constructed, the Postmaster-General may give notice to the owner and to the occupier of the land on which the tree is growing, requiring the tree to be lopped so as to prevent the obstruction or interference.

(2) If within one month from the service of notice by the Postmaster-General the owner or the occupier of the land on which the tree is growing gives a counter-notice to the Postmaster-General objecting to the lopping of the tree, a difference shall be deemed to have arisen between the Postmaster-General and that owner or occupier, and sections four and five of the Telegraph Act, 1878, shall apply accordingly as if it were a difference under that Act.

(3) If on the expiration of one month after notice is given by the Postmaster-General under this section, neither the owner nor the occupier has complied with the notice, or given a counter-notice under this section, or if the authority determining a difference under this section make an order in that behalf, the Postmaster-General may himself cause the tree to be lopped, and section seven of the Telegraph Act, 1863 (which relates to compensation), shall apply to the exercise of that power by the Postmaster-General.

Der Funkentelegraphenvertrag vom 3. November 1906 geht davon aus, daß jeder Eigentümer sich das Passieren der Hertzschen Wellen gefallen lassen muß. Dies ergibt sich schon aus dem dort vorgesehenen Verhältnis zwischen den Küstenstationen und den Bordstationen und dem Anschluß an die Telegraphenleitungen des Landes. Hierbei ist aber zu bemerken, daß das Passieren der Wellen durch die Luftsphäre kaum Belästigungen mit sich führt, namentlich dann nicht, wenn die Funkentelegraphie wie bei uns monopolisiert ist, mithin die Apparate eines Privaten nicht etwa durch Einziehung dieser Wellen gestört werden können.

Einige Gesetze haben im Interesse der Industrie noch weitere Beschränkungen des Eigentümers verfügt: so das italienische Gesetz vom 13. Juni 1907 Nr. 403, welches den Eigentümer (gegen Entschädigung) verpflichtet, Kabels von funiculari aeree für Beförderung von Landprodukten und für industrielle Zwecke zu dulden[1]).

§ 5.

Hierzu tritt nun die Luftfahrt als bedeutungsvolle Neuerscheinung, welche die Benutzung der fremden Luftsäule zur unentbehrlichen Voraussetzung hat. Die Durchquerung der fremden Luftsäule verbieten, würde einfach der Luftfahrt die Möglichkeit nehmen und uns ein wichtiges Kulturgut ent-

[1]) Rheinische Zeitschr. III S. 421.

ziehen. Daß auf der anderen Seite eine erhebliche Belästigung des Eigentums möglich ist, kann nicht in Abrede gestellt werden; denn, wenn wir uns denken, daß eine Flugmaschine einen Garten, in welchem eine diskrete Belustigung statt finden soll, stundenlang umkreist, oder ein Luftschiff in kurzen Zwischenräumen immer auf dieselbe Beobachtungshöhe zurückkommt, so würde dies zu unerträglichen Zuständen führen. Und welche Belästigungen für Grundstücke durch die Nähe einer Aufstiegstelle entstehen können, darüber weiß uns eine Klage zu berichten, welche in Locom. aérienne II p. 94/95 zum Abdruck gelangt ist. Hier heißt es:

.... que quotidiennement ses appareils évolent à toute heure du jour, et cela depuis plusieurs mois, à une très faible hauteur au-dessus des propriétés voisines, et notamment de celles des exposants. Que la circulation presque incessante des aéroplanes qui tournent en cercle au-dessus des propriétés voisines, trouble profondément la jouissance des exposants; que, par leur présence seule et le bruit des appareils qui évolent ainsi qu'il vient d'être dit à une faible distance du sol, quelquefois à moins de 5 mètres, quand même ils ne roulent pas par terre, ils effraient les animaux domestiques tels que chevaux, moutons, vaches et boeufs et rendent impossible l'exercice du droit de chasse par suite de la disparition du gibier qui s'est effrayé et dispersé. Qu'en évolant et en circulant d'une façon continue au-dessus de ses voisins, M. F. commet une violation des droits de propriété des exposants, violation qui doit être sévèrement réprimée.

Und geht das Fahrzeug so niedrig, daß die Insassen sich förmlich innerhalb eines umschlossenen Raumes befinden, man denke z. B. an die amerikanischen Roofgardens, dann kann selbst Hausfriedensbruch vorliegen.

Aber auch das in höchsten Höhen befindliche Luftfahrzeug kann Gefahren mit sich bringen durch die Notwendigkeit plötzlichen Absteigens und durch das Hinunterwerfen fester Gegenstände. Man kann deshalb durchaus nicht sagen, daß die Anwesenheit von Luftfahrzeugen in bestimmter Höhe für den Eigentümer interesselos sei. Die Bestimmung unseres § 905 trifft daher streng genommen nicht zu. Allein hier muß man zu dem weiteren Satze greifen: gewisse Störungen muß sich der Eigentümer gefallen lassen und er muß hierzu die Licenz geben, wenn ein starkes Kulturbedürfnis die Einwirkung nötig macht. Dies haben bereits obige Bestimmungen des Telegraphenrechts gelehrt. Damit ist Individualeigentum und Gesamtkultur versöhnt. Ob in gewissen Fällen eine Entschädigung angezeigt ist, muß nach den Umständen beurteilt werden.

Daß aber eine derartige Lizenz mit aller Diskretion behandelt werden muß, ist selbstverständlich. Daher gilt folgendes:

1. Das Luftfahrzeug und die Fahrer haben sich in entsprechender Höhe zu halten, da sonst durch die Beobachtung, die Luftbewegung, das Geräusch, das Auswerfen von Gegenständen Belästigung entstehen können, welche nicht durch das Kulturbedürfnis absolut geboten sind.

2. Gewisse Gebiete können der Luftfahrt ganz entzogen werden, so daß nur im Notfalle darüber hinweggeglitten werden darf. Dahin gehören insbesondere Festungswerke und alle Anstalten, deren Einrichtung im Interesse der Landesverteidigung geheim gehalten werden soll, z. B. auch Hafenanlagen usw. Soweit es sich hier um öffentliches Eigentum handelt, haben die Bestimmungen nicht nur privatrechtlichen, sondern auch polizeilichen Charakter, da die Regelung des Verkehrs in bezug auf die Grundstücke des Gemeingebrauchs der Polizei anheim-

fällt. Das gleiche gilt aber auch von Fabriken, welche der Explosionsgefahr ausgesetzt sind, und ähnlichem.

3 Für die Schüler der Luftfahrt müssen besondere Örtlichkeiten angewiesen werden, wo ihr noch ungeregelter Flug keine besonderen Gefahren für Dritte herbeiführt, natürlich zunächst auf den hierfür bestimmten Luftfahrplätzen; aber auch für umliegende Gelände sollen die nötigen Vorsichtsmaßregeln getroffen werden.

4. Die Gewerbepolizei kann solche und weitere Bestimmungen geben, von welchen später (S. 18f.) die Rede sein wird.

Allerdings kann auch von seiten des Eigentümers das eintreten, was man Neidbau nennt; so insbesondere, wenn der Nachbar Stacheldrähte oder andere Dinge anbringt, welche die Luftfahrt in der nächsten Nähe unmöglich machen. Der § 226 BGB. muß auch hier in Anwendung kommen: ein Luftfahrplatz darf nicht auf solche Weise funktionsunfähig gemacht werden, vorausgesetzt, daß alle Erfordernisse erfüllt sind, welche das Nachbarrecht billigerweise verlangt.

2. Schuldrecht.

§ 6.

Unter die Schuldverhältnisse, zu welchen das Luftfahrzeug Veranlassung gibt, gehört vor allem der Dienst- und Werkvertrag. Einmal der Dienstvertrag zwischen dem Inhaber des Luftfahrzeugs und dem Lenker und den übrigen Arbeitspersonen. Dieser Vertrag hat seinen besonderen Charakter darin, daß er ein Vertrag starken Vertrauens ist und es dem Dienstherrn stets gestattet sein muß, da sofort zu kündigen, wo sich eine Vertrauensunwürdigkeit zeigt, sei es in dem technischen Können, sei es in dem moralischen Verantwortungsgefühl. Daß jedenfalls der Dienstherr den Lenker stets entlassen kann unter Zahlung der bedungenen Vergütung, versteht sich schon nach allgemeinen Grundsätzen von selber: eine weitere Entschädigung als diese Vergütung kann er nicht beanspruchen, und insbesondere kann er nicht etwa eine Anforderung darauf bauen, daß ihm hierdurch die Gelegenheit entgeht, sich weiter zu bilden oder Ruf und Ansehen zu erwerben. Bei einem größeren Dienstpersonal wird eine Arbeitsordnung nötig werden; vielleicht auch eine Musterrolle, wie nach der Seemannsordnung § 7ff.

Eine wesentlich andere Bedeutung hat der Werkvertrag, welchen Insassen eines Luftfahrzeugs mit dem Besitzer und „Halter“ dieses Fahrzeugs abschließen. Der Vertrag geht dahin, daß der Halter des Fahrzeugs den Insassen eine bestimmte oder unbestimmte Strecke befördert: der Insasse gilt als Besteller, der Luftschiffhalter als Unternehmer. Die Grundsätze sind die gewöhnlichen und brauchen hier nicht näher ausgeführt zu werden. Insbesondere braucht der Insasse nur zu zahlen, wenn die Beförderung stattfindet. Sollte aber die Beförderung teilweise erfolgen und das Fahrzeug zur Landung genötigt sein, dann müßte eine entsprechende Distanzfracht entrichtet werden. Ist allerdings nicht eine bestimmte Strecke, sondern nur eine Umfahrt bedungen, so ist die Auswahl des Weges dem Luftfahrer anheimgestellt, und er kann sich hier nach den Luftströmungen und anderen Umständen richten. Hat der Fahrgast die Reise bestellt, so ist er selbstverständlich nicht verpflichtet, sie auch auszuführen, sondern nur die entsprechende Vergütung zu entrichten, und davon kann er Abzüge machen, wenn an seiner statt ein anderer Teilnehmer gewonnen wird oder ohne Mühe hätte gewonnen werden können; und wenn infolge der Abbestellung das ganze Fahrzeug nicht zu fahren braucht, so müssen die Grundsätze der Fautfracht angewendet werden: die Höhe der Fautfracht ist einstweilen, solange nicht bestimmte gesetztliche oder gewohnheitsmäßige Sätze gelten, nach Billigkeit abzuschätzen.

Der Passagier aber übernimmt es nicht nur, sorgfältig mit dem Fahrzeug und seinen Innengeräten umzugehen, sondern auch, sich so zu verhalten, wie es den Bedingungen der Luftfahrt entspricht. Er muß deswegen alles, was die Luftreise gefährdet, unterlassen, und da er sich in dieser Beziehung dem technischen Befinden des sachverständigen Leiters unterwerfen muß, so versteht es sich von selber, daß er die Anweisungen des Führers zu befolgen hat, soweit sie überhaupt in der Sphäre des Vernünftigen liegen. Das gilt sowohl während der Fahrt als auch beim Auf-und Abstieg. Gewöhnlich wird deswegen von den Teilnehmern ein ausdrücklicher Revers verlangt, daß sie sich vom Beginn der Luftfahrt an vollkommen den Geboten des Lenkers fügen. Dies ist nichts Besonderes, es gilt auch für die Seeschiffahrt, wenn es sich z. B. darum handelt, daß in der Kajüte die Luken geschlossen werden sollen oder gewisse Räume des Schiffes zeitweise unzugänglich sind.

Mit Personen, welche bloß der Probe halber mitfahren oder schenkungsweise mitgenommen werden, wird ein einseitig widerruflicher unentgeltlicher Werkvertrag abgeschlossen. Auch bei einem solchen Vertrag verspricht der Fahrer eine sorgfältige Behandlung der Sache, und er haftet für alles Verschulden; doch ist in jeder Beziehung der Maßstab milder zu nehmen als bei einem eigentlich geschäftlichen Handeln, noch milder dann, wenn die Beförderten selber zum voraus erklärt haben, auf jeden Schadensersatzanspruch zu verzichten. Dies befreit allerdings weder von der Haftung für Vorsatz noch von der Fahrlässigkeitshaftung, denn auch in letzterer Beziehung ist die Beobachtung der Vorsicht ein nicht nur privates, sondern öffentliches Interesse; auch trifft die prinzipielle Herabstimmung der Haftung auf eine Haftung für grobes Verschulden nur bei der Schenkung und Leihe, nicht bei der unentgeltlichen Dienstleistung zu (BGB. 521, 599). Aber der Richter kann zu- und abgeben und muß in solchem Falle eine mildere Behandlung eintreten lassen. Daß aber auch hier die Insassen sich den Weisungen zu fügen haben, versteht sich von selbst.

Wenn zwei miteinander in der Flugmaschine fahren, wovon der eine lenkt und der andere die Karten liest oder sich auch nur passiv beteiligt, um eine Fahrt zu zweit zu ermöglichen, so ist ein Gesellschaftsverhältnis anzunehmen, bei dem beide dazu mitwirken, einen bestimmten Erfolg zu erzielen: ein Vermögenserfolg braucht dies nicht zu sein. Daß auch hier der „stille“ Gesellschafter sich dem Führer vollkommen fügen muß, versteht sich von selber; denn dem Führer muß die Operationsfreiheit in vernünftigen Schranken zustehen, — wie bei dem Werkvertrag, so bei dem Gesellschaftsvertrag.

Die Haftung aber, die sonst bei dem Gesellschaftsvertrag zu einer Haftung wie in eigenen Angelegenheiten vermindert ist, muß hier zur Vollhaftung gesteigert werden, denn das öffentliche Interesse gebietet die möglichste Vorsicht — auch hier vorbehaltlich einer milderen Schätzung im einzelnen Fall.

Der Halter des Luftfahrzeugs haftet bei allen diesen Verträgen für Lenker und

Arbeitspersonen, denn es gehört zu seinen obligationsrechtlichen Leistungen, daß er die Leute befördert und alles von ihnen abwendet, was die Unversehrtheit von Personen und Habe gefährdet; es handelt sich also um Vertragserfüllung, und hier trifft § 278 BGB. vollständig zu: der Verpflichtete leistet eben nicht durch sich, sondern durch seine Leute, und ihre Leistungen sind seine Leistung.

§ 7.

Was die außerkontraktliche Haftung angeht, so ist das Verhältnis von Luftfahrzeug zu Luftfahrzeug wohl zu unterscheiden von dem Verhältnis zwischen dem Luftfahrzeug und der Erde samt allem, was die Erde berührt.

In erster Beziehung haftet der Halter des Fahrzeugs für alles Verschulden, aber auch nur für Verschulden. Und was hier die Verhältnisse zwischen dem Halter und dem Lenker und Arbeitspersonal betrifft, so wäre an sich der § 831 BGB. anwendbar, so daß der Fahrzeughalter sich dadurch entschuldigen könnte, daß er in der Auswahl und Überwachung der Personen volle Sorgfalt gewahrt habe; auch wäre die Haftung nur gegeben, soweit diese Personen innerhalb des Kreises der ihnen zukommenden Verrichtungen gehandelt haben. Doch: eine derartige Haftung genügt für gewöhnliche Lebensverhältnisse, aber sie ist für diese mächtigen Gefahren nicht ausreichend; ebenso wie man im Autogesetz, im Haftpflichtgesetz und auch noch in anderen Fällen den Herrn vollkommen für seine Leute verantwortlich macht, ohne Rücksicht auf die Sorgfalt in der Auswahl und ohne Unterschied, ob der einzelne sich im Kreise seiner Obliegenheiten gehalten hat oder nicht, in gleicher Weise muß man auch hier die Haftung ausdehnen.[1]) Für Personen aber, welche nicht in seinen Diensten stehen, haftet er nicht, sofern er die nötigen Vorkehrungen getroffen hat, um sie von schädigenden Handlungsweisen abzuhalten.

Sind beide Teile im Verschulden, dann ist wie bei dem Seezusammenstoß[2]) der Schaden entsprechend umzulegen, je nach der Größe des einen oder anderen Verschuldens. Die zu befördernden Insassen und die zur Beförderung übernommenen Waren, welche dabei zugrunde gehen, müssen natürlich vollständig vergütet werden mit entsprechender Verteilung unter die Schuldigen.

Was aber das Verhältnis zu dem Privateigentümer der untenliegenden Grundstücke und den darauf befindlichen Personen betrifft, so gilt folgendes: Eine Haftpflicht für Verschulden (Vorsatz und Fahrlässigkeit) nach § 823 BGB. genügt nicht; denn die Luftfahrzeuge treten in einen fremden Luftraum ein, und diesen Eintritt muß sich jeder mit der Haftung für alle daraus hervorgehenden Gefahren erkaufen. Nimmt man dem Eigentümer die Möglichkeit, den Eintritt zu verbieten, so muß man ihm dafür Ersatz aller Schäden gewähren. Das ist ein allgemeiner

---

[1]) Im französischen und englischen Recht versteht sich diese Haftung von selbst, C. civ. a. 1384 (die Ausnahme im letzten Absatz bezieht sich nicht auf maîtres et commettants); im englischen Recht is the employer liable for all torts committed by the party employed, provided first they were within the scope of the employment, and secondly were either unintentional, that is to say, amounted to mere acts of negligence, or, if, intentional, were intended to be done in the interest and for the benefit of the employer (Clerk and Lindsell, Law of Torts p. 69 f.).

[2]) Vgl. Brüsseler Conferenz 1910 a. 3 und 4.

juristischer Grundsatz, der sich aus dem Institut der cautio damni infecti ergibt und in § 867 und 1005 des BGB ausdrücklich ausgesprochen worden ist. Wie nach § 867, wer in das fremde Gebiet eintreten darf, um die dorthin geflogenen Sachen zurückzuholen, Ersatz für den durch seine Abholung erlittenen Schaden leisten muß, so auch der Halter des Fahrzeugs, welchem gleichfalls die gesetzliche Lizenz zusteht, die fremden Räume zu durchfliegen. Vgl. auch § 258 BGB.

Ist aber hier ein Schadenersatz begründet, so muß er nicht nur dem Eigentümer gewährt werden, sondern auch den Personen, welche sich auf diesem Eigentum aufhalten; denn wer sich auf fremdem Eigentum befindet, nimmt an dem Schutz des Eigentums teil: er hat sich in das geschützte Gebiet begeben; würde es beispielsweise durch eine gemeingefährliche Beschädigung der Sache verletzt, so könnte er den Schutz des Eigentümers anrufen.

Das gleiche muß natürlich auch gelten, wenn das Eigentum ein öffentliches Eigentum ist, wenn es sich z. B. um Straßen und Plätze handelt und wenn Personen, die sich hier befinden, durch das Luftfahrzeug verletzt werden. Damit ist von selber der Grundsatz gerechtigt: soweit durch Einwirken des Luftfahrzeugs in die Erdensphäre[1]) Schädigungen entstehen, hat der Halter des Fahrzeugs Ersatz zu leisten ohne Rücksicht auf Verschulden oder Nichtverschulden, also namentlich auch dann, wenn die Schäden durch ganz unvorhergesehene Ereignisse oder durch plötzlich hervortretende Mängel herbeigeführt werden.

Beruht die Schädigung auf Notstand, so ist gleichfalls eine Entschädigungspflicht begründet, § 904 BGB.

Die Haftung des Fahrzeughalters für den Lenker und das Arbeitspersonal ist auch hier in der obigen gesteigerten Weise (S. 13) begründet.

In der amerikanischen Praxis ist diese objektive Haftung anerkannt in der New Yorker Entscheidung Guille v. Swann, 19 Johns, 381 (bei Hazeltine p. 86). Pollock sagt hierzu:

> A man who goes up in a balloon must know that he has to come down somewhere; and that the cannot be sure of coming down in a place which he is entitled to use for that purpose, or where his descent will cause no damage and excite no objections. Guille's Liability was accordingly the same as if the balloon had been under his control and he had guided it into Swann's garden.

Also: der Aufstieg, welcher den Eintritt in fremde Luftgebiete und den Abstieg daselbst herbeiführt, macht haftbar. Vgl. Baldwin, Michigan Law Review IX. p. 21.

Auch in der französischen Praxis hilft man sich durch eine Art von praesumtio culpae, z. B. Seinetrib. 24. 1. 1906 Locomot. aérienne I p. 20:

> Cette présomption doit être considérée comme s'appliquant au propriétaire ou au pilote du ballon au cours des voyages qu'il éffectue, le pilotage d'un ballon dans l'état actuel de la science ne constituant encore qu'une expérience où l'aéronaute se trouve être le jouet des élements. Vgl. auch Friedensgericht Cambrin 26. 5. 1911 ib. II p. 267.

Ist die Beschädigung durch einen dritten nicht im Dienste Stehenden erfolgt, der z. B. einen schweren Gegenstand heruntergeworfen hat, dann haftet der Fahrzeughalter nur, wenn er nicht die erforderlich Vorsicht gewahrt, namentlich den Personen nicht die nötige Diskretion eingeschärft oder schuldhafterweise betrunkene

---

[1]) Aber nur durch solche Einwirkung, nicht wenn der Anblick Pferde scheuen macht, Seinetrib. 14. Dez. 1911 (Sportmitteilung).

oder wahnsinnige Leute aufgenommen hat. Im übrigen haftet dieser Dritte für sein Verschulden, und natürlich hat der Fahrzeughalter gegen ihn seinen Rückgriff.

Ist die Beschädigung durch Mitverschulden des Beschädigten herbeigeführt oder vergrößert worden, dann ist die Schadenersatzpflicht entsprechend zu mindern, § 254 BGB.

Es ließe sich fragen, ob nicht auch im Luftfahrtrecht die Haftung auf das Schiffsvermögen zu beschränken sei, wodurch die Lage des Fahrzeughalters wesentlich erleichtert würde. Indes hat sich der Gedanke bis jetzt nicht entwickelt, es wird auch nicht wohl angehen, ihn ohne weiteres von den Verhältnissen der Seeschiffahrt mit all ihren eigenartigen geschichtlichen und rationellen Zusammenhängen auf die Luftfahrt zu übertragen, am wenigsten auf Flieger und Flugmaschinen.

In allen Fällen haften Lenker und Arbeitsleute sowohl den Insassen wie Dritten gegenüber für ihr Verschulden. Der Lenker selbst ist nicht nur für die Lenkung, sondern auch dafür verantwortlich, daß er vor Beginn des Flugs den Apparat in der nötigen Weise untersucht und sich von seiner tauglichen Beschaffenheit überzeugt hat. Er ist auch dafür haftbar, daß derApparat mit den erforderlichen Geräten und Bedarfsmitteln z. B. Sauerstoff versehen und alles dies leicht zur Hand ist. Sollte die Reise auf längere Zeit beabsichtigt sein, so muß auch für den nötigen Proviant gesorgt werden. In dieser Beziehung kann auf die Rechtsähnlichkeit des Seerechtes verwiesen werden.

Die etwaige Entschädigung hat sich zu erstrecken auf die Zerstörung und auf die mit der Zerstörung verbundenen weiteren Schäden. Wenn z. B., um das gelandete Fahrzeug vom Boden wegzuschaffen, noch andere Teile des Grundstückes betreten werden müssen, oder wenn sie zu betreten sind, um größeres Unheil zu verhüten, so gehört dies mit zu dem herbeigeführten Schaden: man denke an die Ähnlichkeit von Brandschaden und Feuerslöschung. Zu weit geht es aber, wenn jene New Yorker Entscheidung Guille v. Swann (vgl. Hazeltine p. 86) angenommen hat, daß auch die Beschädigungen ersetzt werden müssen, welche durch das herbeigeströmte Publikum verursacht worden sind[1]). Warum nicht auch, wenn sich in dem Trubel Diebe und Räuber gütlich getan haben? Das Publikum kommt nur in Betracht, soweit es aus Leuten besteht, die helfen und retten wollten.

§ 8.

Es kann sich, namentlich bei Landungen, die Notwendigkeit ergeben, Einzelgegenstände herunterzuwerfen, um dadurch das Ganze zu retten. Hier muß auf der einen Seite dem Lenker gestattet sein, auch die Habe eines fremden Eigentümers zu „werfen"; andererseits muß dann der Schaden in entsprechender Weise verteilt werden, denn die Geretteten können nicht beanspruchen, durch fremde Aufopferung gerettet zu werden. Die Grundsätze der großen Havarie müssen hier eine rechtsähnliche Anwendung finden, aber mit Rücksicht darauf, daß die Luftfahrt (auch für die Zukunft) weniger dem Warenverkehr, mehr

[1]) If his descent under such circumstances ordinarily and naturally drew a crowd of people about him, either from curiosity or for the purpose of rescuing him from a perillous situation, all this he ought to have foreseen, and must be held responsible for.

dem Personenverkehr dient, und daß eine Billigkeit dafür spricht, daß, wer mit seiner Person gerettet ist, wenigstens teilweise dem aufkommen muß, der durch sein Sachopfer die Rettung bewirkt hat. Derselbe Grund, welcher für einen Rettungslohn spricht, spricht auch dafür, daß in solchen Fällen das Opfer entsprechend vergütet werde. Hier überall ist das Recht noch in der Bildung begriffen und werden sich die Einzelbestimmungen in der Praxis herausarbeiten müssen.

Auch Bergung und Hilfeleistung kommen in Betracht. Wer ein Luftfahrzeug entweder in der Luft oder auf dem Lande birgt, oder zu seiner Rettung beiträgt, kann eine entsprechende Vergütung beanspruchen; wird die Vergütung bedungen, so ist der Vertrag an sich maßgebend, er kann jedoch, wenn er während der Gefahr abgeschlossen worden ist, im Falle des Übermaßes gemindert werden. Wird der Hilfeleistende dabei verletzt, so ist ihm dann Entschädigung zu gewähren, wenn er zur Hilfeleistung herbeigerufen wurde und die Beschädigung nicht auf Umständen beruht, die außer aller Berechnung liegen, vgl. über diesen Fall Seinetrib. 10. 2. 1906 Loc. aér. I p. 20.

Vergütung muß auch geleistet werden, wenn ein niedergegangenes Fahrzeug gefunden und für seine Bergung gesorgt wird. Es ist natürlich keine privatrechtliche sondern eine polizeiliche Bestimmung, wenn es heißt, daß ein jeder Finder eines Wracks davon Anzeige zu machen hat und daß die Polizeibehörde verpflichtet ist, es aufzubewahren und vor Schädigungen zu hüten. Sache des bürgerlichen Rechts aber ist es, auch hier einen Finderlohn zu bestimmen. Die Grundsätze des Bürgerlichen Gesetzbuches allerdings über Finden einer verlorenen Sache können hier nur rechtsähnlich in Anwendung kommen; der Finderlohn wird nach den Umständen zu bestimmen sein, und es sind Verordnungen zu erlassen, wonach es der Polizeibehörde zusteht, nach Ablauf einer bestimmten Zeit das Wrack zu verwerten und den Preis zu behalten, falls nicht der Eigentümer innerhalb einer gewissen Frist (3 Jahren?) das Geld herausverlangt.

Unbemannte Ballons für wissenschaftliche Zwecke sind zwar sonst den übrigen gleich zu behandeln; aber im Interesse der wissenschaftlichen Forschung ist die Pflicht, den niedergegangenen Ballon zu wahren und zu bergen, eine besonders dringende; namentlich muß dafür gesorgt werden, daß die Instrumente und die automatischen Fixierungen unverletzt bleiben. Der Finderlohn ist hier mäßig zu berechnen.

§ 9.

Die Versicherung eines Luftschiffes ist wie die Versicherung eines Automobils als Transportversicherung zu betrachten und unterliegt den Regeln dieser [1]). Das ist namentlich wichtig für die Freiheit in der Vertragsschließung, § 187, für den Ausschluß des Verschuldungsschadens § 130, und für die Schadensberechnung, § 140, 144 Versicherungsvertragsgesetz, auch für die Befreiung des Versicherers von der behördlichen Aufsicht und Konzession, § 116 Privat-Versicherungs-Gesetz. Der Satz ist allerdings sehr bestritten; doch hierüber ist an anderer Stelle weiter zu handeln. Der Umstand, daß ein Luftfahrzeug nicht eine regelmäßige Beförderung übernimmt, schließt nicht aus, daß hier der Personen- und Warenbeförderungsgedanke überwiegt und daß die der Transportversicherung entsprechenden Rechtsideen auch hier zu-

[1]) Vgl. meine Darstellung in Dernburg, Lehrb. VI. S. 488 f.

treffen, ebenso wie sie bei der Schiffahrt auch dann gelten, wenn es sich etwa um eine Privatyacht handelt.

Der Gedanke des Abandonrechtes wird auch hier nicht abzuweisen sein; wenn ein Luftfahrzeug verschollen ist, so ist dem Versicherten die Befugnis zu gewähren, dem Versicherer alles, was etwa von dem Fahrzeug noch vorhanden sein sollte, heimzuschlagen, welcher dann dieselbe Summe zu zahlen hat, wie wenn es untergegangen wäre. Wann die Verschollenheit eintritt, ist, solange keine gesetzlichen Bestimmungen bestehen, nach den Umständen des Falles zu beurteilen. Angemessen ist es einstweilen, in Versicherungsverträgen besondere Fürsorge zu treffen.

Die Haftpflichtversicherung spielt natürlich bei dem Luftfahrzeug, ebenso wie bei dem Auto eine sehr große Rolle, und es gelten hier die Bestimmungen des Versicherungsvertragsgesetzes § 149 f., namentlich auch, was die Anzeigefrist betrifft. Man hat schon den Vorschlag gemacht, eine obligatorische Haftpflichtversicherung einzuführen und die Versicherungsanstalten, welche sich damit befassen, zu einem großen Ganzen zu vereinigen; dann hätte sich der Beschädigte einfach an diese Gesamtanstalt zu halten, welche dann wiederum gegen die Fahrer den Rückgriff nehmen müßte.

Eine derartige Behandlung der Sache hat manchen Vorzug, allerdings auch den Nachteil, daß hiernach der unvorsichtigste Fahrer versichert werden muß, wodurch die Versicherungsprämie bedeutend hinaufschnellt; indes läßt sich solches damit ausgleichen, daß man unvorsichtige Fahrer alsbald bei der Behörde anzeigt, damit ihnen die Konzession entzogen wird.

Sodann kann die Unfallversicherung in Betracht kommen, und zwar als Versicherung des Personals durch den Fahrzeughalter und als Selbstversicherung des Lenkers, § 179 fg. VersicherungsvertragsG. Auch die Gewerbeunfallversicherung kommt in Betracht, denn es handelt sich um das Halten von „anderen Fahrzeugen als Wasserfahrzeugen, welche durch elementare Kraft bewegt werden", § 537 Z. 7 Reichsversicherungsordnung v. 19. Juli 1911: darum unterliegen die in §§ 544, 545 bezeichneten Personen der Versicherungspflicht. Von Wichtigkeit ist ferner die Feuerversicherung sowohl des Fahrzeugs, als auch der Ballonhalle. Selbst das mangelhafte Erträgnis einer Flugmaschinenvorführung ist (vom englischen Lloyd) versichert worden[1]).

II. Freiwillige Gerichtsbarkeit. Gewerbe- und Verkehrspolizei.

§ 10.

Die Eintragung der Luftfahrzeuge in ein bestimmtes Register eines Ortes, der als Heimatsort gilt, ist unentbehrlich; hier erhalten sie ihre individuelle Bezeichnung, ihre Flagge; das nähere ordnet der Registerstaat[2]). Dieser erklärt auch, wie die Staatsangehörigkeit des Fahrzeugs zu bestimmen ist: regelmäßig natürlich nach

---

[1]) Lochet in Locom. aérienne I p. 252 f. [2]) Vgl. unten S. 40.

dem Lande, dem der Eigentümer als Staatsgenosse zugehört. Bei Miteigentümern aus mehreren Staaten ist entweder die Majorität maßgebend, oder es wird dem Fahrzeuge die Flagge versagt, wenn auch nur ein Miteigentümer ein Ausländer ist. Bei Aktiengesellschaften kann nur der Sitz entscheiden, welcher ihr die Nationalität gibt, Es wird Sache der Gesetzgebung und Verordnung sein, darüber Näheres zu bestimmen, namentlich ist auch zu verlangen, daß die Flagge in einer weit sichtbaren Weise angebracht wird.

Alles dieses gehört der freiwilligen Gerichtsbarkeit (des öffentlichen Rechts) an.

§ 11.

Im übrigen gilt für Luftfahrzeuge dasselbe wie für sonstige Verkehrseinrichtungen. Sind sie gestattet, so sind sie nichtsdestoweniger den polizeilichen Anordnungen unterworfen, vorausgesetzt, daß diese nicht etwa eine sachwidrige Beschränkung des Persönlichkeitsrechts, sondern eine vernünftige Anwendung der Polizeigewalt, eine reasonable exercise of the police power enthalten. Man führt in dieser Beziehung folgende amerikanische Entscheidungen an[1]: Western Union Telegraph Co. v. City of Richmond (1909), Richmond v. Southern Bell Telephone and Telegraph Co., 174 U. S. 761, Village of Jonesville v. Southern Mich. Telephone Co., 155 Mich. 86, People v. Squire, 107 N. Y. 593, American Rapid Tel. Co. v. Hess. 12 N. Y. Supp. 536, Northwestern Tel. Exch. Co. v. City of Minneapolis, 81 Minn. 140, American Rapid Tel. Co. v. Hess, 12 N. Y. Supp. 536, People v. Squire, 145 U. S. 175, City of Carthago v. Garner, 209 Mo. 688.

Die Polizei kann durch allgemeine Anordnungen wirken, sie kann diese Anordnungen durch Zuwiderhandlungsstrafen stärken, sie kann im einzelnen Fall Verordnungen treffen und diese durch die polizeilichen Zwangsmittel durchführen.

Der Gewerbepolizei gehören folgende Bestimmungen an:

1. Niemand darf ein Luftschiff oder ein Flugfahrzeug lenken, welcher nicht hierzu die polizeiliche Erlaubnis hat. Für Personen unter 18 Jahren soll keine Erlaubnis erteilt werden, denn die Verpflichtungen sind so schwer, daß mindestens das Alter der Volljährigkeitserklärung erreicht sein muß[2]. Außerdem ist diese Erlaubnis an eine Lehrzeit und eine Erprobung zu knüpfen; sie setzt ferner gewisse moralische Eigenschaften voraus, kann auch wegen moralischer Mängel oder wegen schwerer Verletzungen der aeronautischen Lenkerpflichten oder wegen erwiesener Unfähigkeit zurückgenommen werden. Im Falle der Entziehung muß ein verwaltungsgerichtliches Verfahren gestattet sein, da ein Gewerberecht als ein erworbenes Persönlichkeitsrecht nicht ohne weiteres entrissen werden darf: die Entreißung muß unter gerichtlicher Kontrolle stehen.

Immerhin kann, wenn ein konzessionierter Lenker mit einem nichtkonzessionierten aufsteigt, diesem die Manipulationen überlassen werden, sofern nur der erstere jederzeit eingreifen kann; denn ohne solche Proben ist es unmöglich, daß der Lehrling zum Meister wird.

Daraus ergibt sich von selber, daß die Erlaubnis nur einer physischen Persönlichkeit, nicht etwa einer juristischen Person oder einer Gesellschaft oder Firma erteilt werden kann, und daß sie mit dem Tode erlischt.

[1]) Michigan Law Review IX p. 79.

[2]) Vgl. Das internationale Abkommen für Autos v. 11. Okt. 1909 a. 2; ferner unten S. 41.

Für das internationale Recht kann die Beschränkung der Erlaubnis auf den konzessionierenden Staat nicht aufrecht erhalten werden, ebensowenig als etwa bei den Chauffeurs von Automobilen. Es wird nicht ausbleiben, daß internationale Vereinbarungen getroffen werden, wonach die Erlaubnis des einen Staates auch für den anderen gilt [1]). Nur ausnahmsweise und aus besonders wichtigen Gründen wird man die Erlaubnis eines Staates, welcher keine Garantie bietet, im Auslande als unwirksam erklären; dann ist der Lenker, der, abgesehen vom Fall der höheren Gewalt, in fremde Staaten kommt, dort so zu behandeln wie einer, der überhaupt keinen Fahrtausweis hat.

2. Die Übungsplätze der Luftfahrt und die Auf- und Absteigehallen gehören zu den Einrichtungen, welche wegen der Störung der Nachbarschaft einer polizeilichen Genehmigung bedürfen; daher müssen die Bestimmungen der Gewerbeordnung § 16 ff. hierauf ausgedehnt werden: die Nachbarschaft ist zum Widerspruch aufzufordern, und die Entscheidung über Widersprüche findet nötigenfalls in dem verwaltungsgerichtlichen Verfahren statt. Übrigens hat diese polizeiliche Genehmigung auch eine bürgerliche Bedeutung: das negatorische Recht auf Wegschaffung besteht jetzt nicht mehr, auch wenn eine Belästigung der Nachbarschaft eintritt, welche der Nachbareigentümer nicht zu dulden hätte: der Bestand der Anlage kann jetzt nicht mehr durch bürgerliche Klage gefährdet werden; dagegen bleiben dem Nachbarn alle Entschädigungsansprüche wegen übermäßiger Belästigung gewahrt, § 26 Gew.-O.[2])

Die Polizei wirkt hier als Beschützerin des Nachbarrechts, aber auch als Beschützerin der einmal geschaffenen Einrichtungen.

3. Das Luftfahrzeug muß solide eingerichtet sein und den nötigen Bedarf mit sich führen, daher kann die Polizei:

a) jedes Fahrzeug vor seiner Ingebrauchsetzung einer Prüfung unterwerfen und die Prüfung von Zeit zu Zeit wiederholen;

b) ein Fahrzeug vor seinem Flug auf Haltbarkeit und auf das Vorhandensein der nötigen Zutaten und Apparate prüfen [3]);

4. Sollten Luftfahrzeuge zum regelmäßigen öffentlichen Ortsverkehr verwendet werden, was in wenigen Jahren der Fall sein wird, dann bezieht sich § 76 der Gewerbeordnung [4]) auch hierauf, und es können Taxen bestimmt werden.

Eine solche Taxbestimmung hat auch zivilrechtliche Bedeutung, § 612 BGB.

Der Verkehrspolizei gehören an:

1. Vorsichtsmaßregeln, welche dahin abzielen, daß besonders gefährliche Betätigungen vermieden werden: so insbesondere das Verbot des Herabwerfens von festen oder schmutzigen Dingen, was leicht zu Schäden oder gar Unglücksfällen führen kann. Ein solches gefährliches Tun ist mit polizeilicher Strafe zu bedrohen. Nur im Fall des Notstandes wird das Gebot gebrochen; doch muß

---

[1]) Vgl. Das Internat. Autoabkommen 1909 a. 1 und 3.

[2]) Inwieweit neben der Gewerbeordnung die landesgesetzliche Polizeiordnung gilt (sie gilt, soweit ihre Bestimmung gewerbliche und nichtgewerbliche Einrichtungen zugleich betrifft), darüber vgl. Preuß. Ober-Verw.-G. 24. 4. 1902; 18. 3. 1909 Entsch. 41 S. 322; 54 S. 319; ferner 1. 6. 1910 und 11. 6. 1910 Goltd. Archiv 59 S. 162, 166.

[3]) Über Führung eines Schiffsjournals vgl. unten S. 42.

[4]) Wagen, Pferde, Sänften, Gondeln und andere Transportmittel.

man auch hier eine den Umständen angemessene Vorsicht beobachten, sich vor allem tunlich vergewissern, ob ein Mensch oder eine Sache unten auf der Erde verletzt werden könne. Das Herabschütten von Sand ist unentbehrlich, aber auch unbedenklich, mindestens von einiger Höhe aus.

2. Dahin gehören die polizeilichen Sicherungsmittel, um Zusammenstöße zu vermeiden: so die Bestimmung, wie die Luftschiffe und Flugmaschinen einander ausweichen sollen, ob zur Rechten oder zur Linken, oder ob hier ein Unterschied bestehen soll zwischen Luftfahrzeugen verschiedener Art, namentlich leichteren oder schwereren Kalibers, oder je nach der Winrichtung u. a. Sodann können Zeichen vorgeschrieben werden, Lautzeichen wie optische Signale. Diese werden namentlich im Nebel von der größten Bedeutung sein. Auch hier sind nicht besondere Rechtsgrundsätze aufzustellen, sondern Rechtsgrundsätze, die sich anderwärts (bei der Seeschiffahrt) bewährt haben, der besonderen Art der Luftfahrt technisch anzupassen. Vgl. unten S. 44, 45.

3. Dahin gehört die Bestimmung, daß gewisse Örtlichkeiten gar nicht, andere nur mit besonderer Vorsicht „überfahren" werden dürfen. Von Festungswerken, Fabriken und Ähnlichem wurde bereits gesprochen. Sodann darf aber auch bestimmt werden, daß z. B. beim Passieren von Städten oder von Orten, wo Festlichkeiten, Volksansammlungen stattfinden, das Fahrzeug sich in einer bestimmten Höhe bewegen muß, damit keine Gefahren entstehen.[1])

Übrigens können polizeiliche Anordnungen nicht nur zu Lasten, sondern auch zum Vorteil der Luftfahrzeuge erfolgen: auch anderen können Vorschriften im Interesse der Luftfahrt auferlegt werden; denn wer in ausgesprochener Weise in den Verkehr tritt, muß sich als Teil des Ganzen fühlen und dazu beitragen, daß der Gesamtverkehr die nötigen Sicherungen gewinnt.

Daher ist es gerechtfertigt zu verlangen, daß Gebäude von gewisser Höhe und Gebäude, welche aus anderen Gründen der Luftfahrt gefährlich werden können, namentlich auch elektrische Leitungen in einer solchen Weise kundbar gemacht werden, daß die Luftschiffe und Flugmaschinen gewarnt sind und diese Gefahren vermeiden können.

Die Einfuhr- und Zollordnungen rufen bedeutende Fragen des Luftfahrtrechtes wach. Das Transitieren von Waren in Luftfahrzengen wird für den darunterliegenden Staat nicht weiter in Betracht kommen, sehr wichtig aber wird die Sache für den Staat, in dessen Gebiet das Fahrzeug niedergeht. Hier können Bestimmungen ergehen, daß sofort die Zollbehörde verständigt und die Zolluntersuchung eingeleitet werden muß; die ganze Sachlage läßt sich aber dadurch erleichtern, daß der Führer ein Attest der Abfahrtstation mit sich führt und es der Zollbehörde vorweist, wodurch möglicherweise eine lästige und zeitraubende Untersuchung vermieden wird. Beabsichtigt man, die Waren wieder mitzunehmen, so kann leicht durch einstweilige Kautionsstellung geholfen werden. Geworfene Waren sind zollpflichtig, wenn sie noch brauchbar bleiben. Sind, wie in Frankreich, die Fahrzeuge selbst Gegenstand der Besteuerung, so können für Ein- und Austritt dieselben Sicherungsmaßregeln getroffen werden wie bei den Autos, um das lästige Hinterlegen der Sicherheit zu vermeiden.[2])

---

[1]) Verbot am Sonntag zu fahren? Sheriff von Nassau County, Loc. aer. II p. 271.

[2]) Für Deutschland vgl. Zolltarif Ges. 25. 12. 1892, und im Ganzen Würth, S. 67f. 52f. 75.

III. Internationales Recht. Strafrecht.

§ 12.

Der notwendige Zusammenschluß der organisierten Mannschaft zur Erreichung der Zwecke des Luftschiffes führt eine Steigerung der Pflicht herbei, die ganz ähnlich wie bei Seeschiffen zu behandeln ist. Wie bei Seeschiffen der Matrose, wenn er fernbleibt, in Strafe kommt, sodaß hier der Vertragsbruch ausnahmsweise bestraft wird, wie ferner der Ungehorsam an Bord und namentlich die Meuterei zu den Delikten des Seemannsrechtes gehört, so muß dies auch bei Luftschiffen gelten: wenn also beispielsweise die Mannschaft erklärt, den Befehlen des Lenkers nicht zu folgen oder wenn sie den Lenker zwingen will, nach ihrem Willen in der einen oder anderen Weise zu verfahren [1]). Hierbei kommt noch die ungeheure Gefahr in Betracht, welche das Luftschiff, wenn der Flug einmal begonnen hat, läuft, falls nicht alles pünktlich den Befehlen gehorcht.

Auch die Möglichkeit muß geboten sein, eine gefährliche Persönlichkeit einstweilen festzuhalten und an jeder Einwirkung zu hindern, weil sonst möglicherweise Leib und Leben aller gefährdet wird. Auch die Frage, welche bei den Seeschiffen bereits aufgeworfen wurde, ob, wenn durch Funkentelegramm die Verhaftung eines Passagiers verlangt wird, der Leiter des Luftschiffes in der einen oder anderen Weise verpflichtet ist, dem zu entsprechen, kommt hier zur Geltung,

Überall handelt es sich darum, einmal die furchtbare Steigerung der Gefahr in Betracht zu ziehen, welche eintritt, wenn das Luftschiff schwebt, und andererseits auch zu berücksichtigen, wie leicht jemand auf diesem Wege der verfolgenden Gerechtigkeit entrinnen könnte.

§ 13.

Soweit das Fahrzeug ein Teil des Landes ist, dessen Flagge es führt, gilt alles, was auf dem Fahrzeug geschieht, als in dem Lande seiner Flagge erfolgt. Dieser Satz ist gesund und hat sich bewährt. Er ist bei größeren Luftschiffen ohne weiteres anwendbar; nur bei Flugmaschinen kann er zweifelhaft sein, weil hier, bei der Beschränkung der Personenzahl, ein Innenleben, ein innerer Verkehr in geringem Maße stattfinden wird, wie denn auch für kleine Seeschiffe, Boote und dgl. der Grundsatz nicht gilt. Da müßte man annehmen, daß, was in der Flugmaschine geschieht, jeweils in dem Staate erfolgt, über welchem die Flugmaschine schwebt. Es wäre dasselbe, wie wenn in einem Auto oder in einem Eisenbahnzug irgendein Vertrag abgeschlossen oder ein Verbrechen begangen würde. Indes müßte diese Behandlungsweise bei Flugmaschinen auf unübersteigliche Schwierigkeiten stoßen; denn es ist sehr häufig ganz unmöglich festzustellen, über welchem Gebiet man sich befindet, wenn der Flieger in Nacht und Nebel dahinschweift. Bei Fortbewegung auf der Erde bilden die Straßen,

---

[1]) Vgl. Seemanns-O. § 93ff., 101ff. Auch wenn außerhalb des Reichsgebietes, § 121.

die Städte, die Dörfer, die man passiert, einen Anhaltspunkt, so daß man nie ganz die Richtung verliert; auch besteht regelmäßig die Gelegenheit, sich über die Örtlichkeit zu erkundigen: wer gewohnt ist, Auto zu fahren, wird sich auch in Nacht und Nebel zurechtfinden. Ganz anders verhält es sich in der Luft, wo oftmals alle Mittel der Ortsfeststellung fehlen und man sich einfach dem Elemente überlassen muß. Wenn hier ein Vertrag abgeschlossen oder ein Verbrechen begangen wird, so könnte die ungemein wichtige Frage des Vertrages- oder Deliktsortes gar nicht beantwortet werden, und die Unmöglichkeit wäre nicht etwa in ganz ausnahmsweisen Umständen begründet, sondern durch die Natur des Fahrzeuges von selber gegeben.

Aus diesem Grunde glaube ich, daß der Satz von der entscheidenden Landeszugehörigkeit auch bei Flugmaschinen anzunehmen ist, daß auch diese einen Teil des Inlandsgebietes bilden, so daß, was immer in ihrem Bereiche geschieht, dem Gebiet des Flaggenstaates angehört. Das wäre nicht nur für Rechtsgeschäfte von Bedeutung, sondern auch für andere Umstände, die in das Recht eingreifen, so für den Tod eines Insassen; während eine Geburt auf dem Aeroplan kaum stattfinden wird: sollte sie jemals erfolgen, denn das Leben ist vielgestaltig, so müßten die gleichen Grundsätze in Anwendung kommen.

Dies gilt für das Innenleben, es gilt auch für die Kollision der Luftschiffe und Flieger; hier steht Flagge gegen Flagge, und jede wirkt als Teil ihres Staates. Für die Berührung mit der Erde aber müssen andere Gesetze gelten: wird durch ein Fahrzeug ein Gebäude beschädigt, ein Mensch verletzt, so ist der Ort des Zusammentreffens der Deliktsort, und dessen Staat ist für die Rechtsfolgen maßgebend[1]).

So gilt auch, wie bei Seeschiffen, der Grundsatz, daß eine Erfindungsausübung im Internum des Fahrzeugs nach den eigenen Patentgesetzen des Luftfahrstaates zu beurteilen ist, so daß der Staat, über welchem das Schiff schwebt, nichts hineinzureden hat. Anders wenn die Patentausübung mit dem Gebiete, über welches das Fahrzeug streicht, in Beziehung tritt durch Herablassen der Patentware, durch Einwirkung auf Gebäude oder Ackergelände; in diesem Falle wird in das Patentwesen des darunter liegenden Staates eingegriffen, und dieses ist maßgebend[2]).

Der Ort, wo das Fahrzeug eingetragen wurde, ist als der Sitz (Heimatsort) zu betrachten, und hier sind die das Eigentum und das dingliche Recht betreffenden Klagen zu erheben, vgl. § 488 HGB. Ebenso die aus der Betätigung des Fahrzeugs hervorgehenden Entschädigungsklagen. Ferner wäre dieser Ort als Ort des Vermögensbesitzes zu betrachten, sofern man den bedenklichen Gerichtsstand des Vermögensbesitzes überhaupt künftig beibehalten will.

Aber auch das forum delicti ist für den Zivilprozeß nicht zu entbehren; wenn durch Luftschiff oder Flugmaschine eine Beschädigung auf dem Lande verursacht worden ist, so muß am Orte der Beschädigung eine Klage gegen den Verletzer zulässig sein; denn es ist unmöglich, den Beschädigten an das Gericht des vielleicht tausend Kilometer entfernten Heimatlandes zu verweisen.

Anders ist es bei den Verletzungen des einen Fahrzeugs durch das andere;

[1]) Bei Fesselballons ist, solange sie befestigt sind, die Verbindung mit der Erde eine so intime, daß man sie als dem Lande angehörig zu betrachten hat.

[2]) Handbuch des Patentrechtes S. 189, 487.

denn wer Luftfahrzeuge führt, der wird schon die nötigen internationalen Beziehungen haben, um bei dem Heimatsorte des anderen Fahrzeugs klagen zu können.

Für die strafrechtliche Verfolgung ist, sofern es sich um Delikte im Internum des Fahrzeugs handelt, nach Rechtsähnlichkeit des § 10 der Strafprozeßordnung der Heimatsort maßgebend oder der nächste Ort des Heimatlandes, in dem das Luftschiff absteigt. Und auch Delikte, welche von einem Ballon gegen den anderen verübt worden sind, sind in gleicher Weise zu verfolgen[1]).

Für diejenigen Delikte aber, durch welche das Land und die auf dem Lande befindlichen Personen verletzt oder sonstige dort verörtliche Rechtsgüter betroffen werden, ist auch im Strafprozeß das forum delicti gegeben; man denke z. B. an eine Tötung vom Luftfahrzeug aus, an Beleidigung, Auswerfen von Schriftstücken, aufreizenden Preßartikeln, an Religionslästerung usw.

Wie die Luftfahrt Grund zu strafrechtlicher Verantwortung bieten kann, so ist auch ein besonderer strafrechtlicher Schutz der Luftschiffe und Flugmaschinen angezeigt: bei der großen Gefährlichkeit solches Thuns ist eine schwerere Ahndung auf die Beschädigung eines Luftfahrzeugs zu legen; ebenso eine strenge polizeiliche Pön auf alle Handlungen, welche ein solches gefährden. Unter allen Umständen muß, wenn ein Sonderschutz für sehr wichtige Dinge bestimmt wird, wie es in § 305 StGB. geschah, das Luftfahrzeug unter diese eingereiht werden.

IV. Staats- und Völkerrecht.

§ 14.

Die privatrechtlichen Grundsätze vom Luftraum müssen auch für das Staatsrecht gelten: auch die staatliche Herrschaft erstreckt sich über den Luftraum, und von einem Grundsatze, daß dieser überhaupt oder von bestimmter Höhe aus frei wäre, wie der Ozean, kann keine Rede sein. Ich habe schon seinerzeit darauf hingewiesen, wie trügerisch eine derartige Gleichstellung ist[2]); denn der Luftraum in jeder Höhe ist ein natürliches Beeinflussungsgebiet für Grund und Boden: auch von höchster Höhe können Gegenstände herunterfallen und schwere Beschädigungen anrichten; und da man nie vollkommen Herr der Höhe ist, sondern herauf und herab schweben muß, so können etwaige Kämpfe im Luftraum das darunterliegende Gebiet im höchsten Grade gefährden und den neutralen Staat plötzlich in die Schrecken des Krieges verwickeln.

Ganz anders ist es bei dem Ozean, bei dem, wie ich bereits früher bemerkte[3]), auch noch die Besonderheit gilt, daß er nur künstlich einem der Uferstaaten zugeschrieben werden könnte, während die Zugehörigkeit des Luftraumes zu dem darunterliegenden Staat sich durch das Gesetz der Schwere von selber ergibt. Das wird auch jetzt mehr und mehr anerkannt, und auch diejenigen, welche den Satz aufstellen: l' air est libre, machen so viele Ausnahmen und geben namentlich im Kriege den Staaten so viele Rechte der Einwirkung, daß von einem staatenlosen

---

[1]) Analogon der Seemannsämter? § 122 f. Seemanns-O.

[2]) Zeitschr. f. Völkerrecht IV S. 589 f.

[3]) Ebenda IV S. 589.

Luftmeergebiete nicht mehr die Rede sein kann. Dagegen muß man allerdings ebenso wie beim Eigentum auch hier den Satz aufstellen, daß innerhalb bestimmter Schranken die Luftfahrzeuge passieren dürfen, denn die Innehaltung der Landesgrenzen ist selbst bei den lenkbaren Fahrzeugen oft unmöglich, und jedenfalls lassen sie sich nicht festhalten, wenn man die Luftfahrt zu einem Mittel der freien und schnellen Personenbeförderung ausbilden will. Auch läßt sich nicht etwa wie bei dem Autoverkehr eine Einrichtung in der Art gestalten, daß die Luftfahrzeuge bei dem Übertritt in fremdes Staatsgebiet sich zu melden und die freie Durchfahrt zu erwirken hätten; denn Grenzstationen in der Luft lassen sich schwer denken, noch schwerer ausführen. Man muß daher dem Fahrzeuge die Durchfahrt auf dem fremden Gebiet gestatten, allerdings unter der Bedingung, daß es sich den polizeilichen Vorschriften des Staates fügt, und dies gilt natürlich insbesondere von der Landung auf fremdem Gelände.

Am meisten Ähnlichkeit hat dieses Durchfahrtsrecht mit dem Rechte der Küstenschiffahrt, wo ja auch fremden Schiffe die zum Staatsgebiete gehörigen Küstengewässer unter Vorbehalt der Beobachtung der polizeilichen Vorschriften befahren können; nur darf auch diese Analogie nicht überspannt werden.

E i n e Ausnahme aber muß für die freie Durchfahrt gelten: Staatsfahrzeuge und insbesondere Militärfahrzeuge dürfen nur mit staatlicher Genehmigung die Luftsphäre passsieren, und auch für Fahrzeuge zum Transport von Waffen oder Explosivstoffen kann eine durchgreifende Ausnahme gemacht werden.

Vorbehaltlich dieser durch das internationale Kulturinteresse uns allen aufgedrängten Ordnung unterliegt der Luftraum der vollen Gesetzgebung des Staates, über dem er gelagert ist. Der Staat kann nicht nur polizeiliche Gesetze geben, er kann auch das Recht, das im Luftraum gelten soll, bestimmen, im allgemeinen oder durch Sondergesetz. Er kann amtliche Monopole schaffen, und seine Monopole wie z. B. das Telegraphenmonopol bestehen auch für den Luftraum. Dies gilt namentlich für die Funkentelegraphie, auf welche unser Gesetz vom 7. März 1908 das Telegraphenmonopol ausgedehnt hat. Der Gebrauch von Funkentelegraphenapparaten auf Luftschiffen über uns ist daher nur mit Genehmigung des Deutschen Reiches statthaft. Die Bestimmungen des § 3 a und 3 b dieses Gesetzes, welche die Genehmigung des Reichs für Fahrzeuge vorsehen, sind analog anzuwenden. Vgl. VO. 12. Dezember 1909 (Reichsgesetzblatt S. 977). Das Luftgebiet über dem Staate ist ferner ein Zollraum, vorbehaltlich des freien Transites. Auch die Freiheit des Photographierens kann beschränkt werden.

§ 15.

Ein Bundesstaat ist Bundesstaat auch bezüglich des Luftraumes, ebenso wie die Einzelstaaten ihr Einzelstaatenrecht auch in bezug auf ihren Luftraum haben. Die Regelung des Luftverkehrs kann hiernach sowohl den Einzelstaaten als auch dem Bundesstaate überlassen werden; es ist Sache der jeweiligen Verfassung zu bestimmen, wie weit die Hoheitsrechte der einzelnen Staaten sich dem Gesamtstaate fügen müssen. Vorzuziehen ist natürlich, daß das Luftfahrtrecht ebenso wie das Automobilrecht durch den Bundesstaat geregelt wird, so daß für den größeren Kreis eine gemeinsame Ordnung gilt. Insbesondere wird auch von seiten des Bundes die Flagge gegeben und wird von ihm bestimmt werden müssen, unter welchen Umständen das Flaggenrecht erworben und verloren wird.

Im übrigen müssen die grundlegenden Verfassungsbestimmungen auch den Luftverkehr beherrschen. Wie die Einzelstaaten keinen Krieg führen dürfen, so auch keinen Luftkrieg, weder unter sich noch mit Dritten; und wenn der Bund (das Reich) das Privat-, Prozeß-, Strafrecht ordnet, so muß diese Ordnung sich auch auf Dinge beziehen, welche im Luftraum vor sich gehen, der über einem der Einzelstaaten schwebt. Und schon läßt sich der Fall denken, daß das Reichsvereinsgesetz auf die Zusammenkunft im Luftschiffe Anwendung finden könnte!!

Neutralisierte Staaten sind auch in bezug auf die Luftsphäre neutralisiert. Wenn sie also keine Angriffskriege führen dürfen, so dürfen sie dies auch nicht in der Luftsphäre tun. Und dürfen sie nicht angegriffen werden, so darf auch ihre Luftsphäre nicht zum Gegenstand eines feindlichen Angriffes werden. Die Neutralitätsgarantie der Staaten bezieht sich also auch auf ihren Luftraum, und das Verbot der Angriffskriege erstreckt sich auf den Luftraum überhaupt.

Staatenbünde erstrecken ihre Staatenbundschaft auch in den Luftraum, hinein, z. B. Österreich und Ungarn; dies gilt, was die militärischen Operationen betrifft, es kann sich auch auf gemeinsame gewerbliche Regelungen beziehen u. a.

§ 16.

Im Kriege gibt es daher auch für Luftfahrzeuge eine Sphäre des Kriegsschauplatzes und ein neutrales Gebiet. Kriegsschauplatz kann das Luftgebiet über den kriegführenden Staaten sein, ebenso das Luftgebiet über der freien See. Das Luftgebiet über neutralen Staaten ist neutral.

Das von einem kriegführenden Teil okkupierte Land, welches natürlich gewöhnlich Land des Gegners sein wird, mitunter aber, wie bei dem russisch-japanischen Kriege, auch ein fremdes Land sein kann, ist ein unter der Herrschaft des okkupierenden Staates stehendes Kriegsland, und es finden die Bestimmungen der Gebietsokkupation auch auf das entsprechende Luftgebiet Anwendung.

Der Dienst der Luftschiffe und Flugmaschinen im Kriege kann

1. Aufklärungsdienst sein; dieser wird stets eine große Rolle spielen, oder

2. die Luftfahrzeuge werden dazu dienen, die Verbindung zwischen einzelnen Teilen des Heeres herzustellen und Nachrichten vom einen zum anderen gelangen zu lassen.

3. sie können die Möglichkeit verschaffen, aus einem besetzten oder belagerten Gelände fortzukommen oder in ein solches Nachrichten, Personen, Lebensmittel gelangen zu lassen.

4. sie können als Funktionsmittel des Krieges dienen, um von ihnen aus Projektile herabzuschleudern.

Im Sinne von 1, 2 und 3 spielten die Ballons zuerst bei der Belagerung von Paris eine Rolle: es flogen damals 64 über die Stellung der Belagerer hinüber und 5 davon wurden festgehalten. Bismarck stellte die Ansicht auf, daß für ihre

Mannschaft die Spionagestrafe angezeigt sei, und man hat auch die Insassen mehrerer Ballons zum Tode verurteilt, die Strafe aber nicht vollstreckt; denn auch den unbedingten Anhängern Bismarcks mußten gelinde Zweifel aufsteigen. Es ist selbstverständlich, daß hier von einer Spionage keine Rede sein kann; denn das wesentliche Merkmal der Spionage ist das heimliche, versteckte, und der Spion ist deswegen so gefährlich, weil er eine andere Maske annimmt und infolgedessen jeden ahnungslosen Verkehr im Kriege verhindert, da hinter jedem Menschen ein Spion stecken könnte. Die Spionage ist ein völkerrechtliches Verbrechen, während die Auskundschaft ebenso eine berechtigte kriegerische Tätigkeit ist wie das Abschießen der Geschütze. Dies ist auch in der Haager Konferenz zum Ausdruck gekommen. Allerdings spricht die Haager Landkriegsordnung in § 29 nur von Luftschiffen, deren Insassen Mitteilungen überbringen oder die Verbindung zwischen den Truppen- und Landesteilen aufrecht erhalten sollen; allein die Bestimmung ist nur erläuternd, nicht abschließend; natürlich gehört auch der Fall oben unter 3 hierher. Von einer Behandlung der Insassen als Spione könnte höchstens dann die Rede sein, wenn das Luftfahrzeug sich unter irgend einem falschen Vorwande einschliche, sich etwa als Privatluftfahrzeug ausgäbe und seinen militärischen Charakter verdeckte.

Man hat vielfach angenommen, daß Luftschiffe und Flugmaschinen im Kriege nur für den Aufklärungsdienst praktisch sein würden. Das ist sicher nicht richtig; einmal können die Funktionen 2 und 3 in Betracht kommen, aber auch 4. Denn es ist gewiß leicht möglich, daß sie durch Herabwerfen von Projektilen in die Schlacht eingreifen und beträchtlichen Schaden anrichten, vielleicht auch gar das Schicksal einer Schlacht entscheiden; und bei Belagerungen kann das Werfen von Geschossen höchst verhängnisvoll sein. Es ist bekannt, daß die Haager Konvention das Schleudern von Projektilen aus dem Luftschiffe einstweilen verbietet, aber das Verbot, dem sich übrigens nur wenig Staaten gefügt haben, hat nur so lange Sinn, als die Aviatik noch nicht genügend entwickelt ist, um den Krieg in die Lüfte zu tragen, oder durch Steilgeschütze vom Lande aus die Luftschiffe und Flugmaschinen zu treffen; ist dies möglich, so können die Luftfahrzeuge ebenso wie die Seeschiffe zu regelmäßigen Funktionsmitteln des Krieges werden, und es ist dann kein Grund mehr vorhanden, ihre Kampfesaktion zu beschränken.

Schon sucht man darum diese Entwickelung des Luftkrieges durch Versuche aller Art zu fördern; ich verweise auf ein Ausschreiben des bekannten Pneumatikfabrikanten Michelin an den Vorsitzenden des französischen Aeroklubs.[1])

Nous mettons à votre disposition une somme de 150,000 francs à distribuer en quatre prix dits: ,,Prix de l'Aéro-Club-Michelin."

Un prix de 50,000 francs serait attribué à l'aviateur qui, d'ici au 15 août 1912 inclus, aura, en une seule envolée, placé dans un cercle de dix mètres de rayon, le plus grand nombre de projectiles.

L'aviateur devra s'élever en emportant cinq projectiles pesant chacun au moins vingt kilos, voler à une altitude supérieure à deux cents mètres et laisser tomber ces projectiles un à un passant à plusieurs reprises au-dessus du but.

Dans le cas où plusieurs aviateurs auraient, le 15 août, au soir, placé le même nombre de projectiles dans le cercle, le vainqueur sera celui dont la distance totalisée des projectiles au centre sera la moindre.

---

[1]) Revue de la locom. aérienne II p. 234. Vgl. auch ib. II p. 271.

Un autre prix de 25,000 francs sera attribué, dans les mêmes conditions, à l'aviateur qui, volant à la hauteur minimum de 1,000 mètres, aura placé ses projectiles dans un rectangle de 100 mètres de longueur sur 10 mètres de largeur. Dans le cas où plusieurs aviateurs auraient placé le même nombre de projectiles, le vainqueur sera celui dont la distance totalisée des points de chute à l'axe sera la moindre.

Nous demanderons d'ailleurs à la commission d'aviation de l'aéro-Club de nous donner son bienveillant concours pour fixer les détails d'exécution et arrêter le règlement.

Les deux autres prix seront attribués le 15 août 1913, Pour cette seconde année, nous nous réservons de faire des modifications au programme, mais sans changer l'idée maîtresse.

Pourront seuls concourir les aviateurs français, civils ou militaires.

Nehmen wir an, daß die Luftfahrzeuge das Recht haben, Geschosse zu werfen, so sind die Bestimmungen der Haager Konvention, daß unverteidigte Orte nur unter Umständen beschossen werden dürfen, — wenn hier militärische Werke, Militäreinrichtungen, Waffenniederlagen und derartige Dinge sich befinden, — auch auf sie anwendbar. Feindliche Kriegsschiffe dürfen natürlich immer beschossen werden. Für die Aufforderung, die betreffenden feindseligen Werke zu entfernen, werden besondere internationale Formen vorgeschrieben werden müssen; auch versteht sich von selber, daß in allen Fällen jede Vorsicht anzuwenden ist, um Denkmäler, wissenschaftliche Sammlungen, Hospitäler usw. zu schonen, während anderseits alle diese Schutzobjekte durch besondere Zeichen zu markieren sind.

Unverteidigt sind Städte oder Dörfer nur dann, wenn sie überhaupt nicht verteidigt werden; wenn aber eine Verteidigung gegen den Angriff zu Land oder zur See stattfindet, so sind sie als verteidigt anzusehen, auch wenn sie nicht die entsprechenden Verteidigungsmittel gegen die Luftfahrzeuge haben; mit anderen Worten, es ist nicht notwendig, daß eine Verteidigung speziell gegen die betreffende Angriffsform gerichtet ist.

§ 17.

Das Recht des Eroberes erstreckt sich auch auf die staatlichen Luftfahrzeuge des Feindes; ihm gehören auch unbemannte Ballons des Feindes an, welche die Bestimmung haben, Nachrichten zu bringen oder Schriftstücke von einem Gelände zum anderen zu befördern.

Was aber das Privateigentum betrifft, so ist der Luftkrieg in der Hauptsache nach den Grundsätzen des Landkrieges zu behandeln. Man hat ihn als eine Art des Seekrieges darzustellen versucht, — sehr zu Unrecht. Wenn im Seekrieg das Beuterecht gegenüber privatem Eigentum noch gilt, so ist dies eben ein Überrest alter Zeiten, welcher eigentlich schon bei der Seeschiffahrt hätte aufgehoben werden sollen. Daß im Falle eines Krieges die Privatluftfahrzeuge des feindlichen Landes angehalten, genommen und konfisziert werden könnten, ist als Regelwidrigkeit vollkommen zu verwerfen, da der Krieg das Privateigentum möglichst unangetastet lassen soll. Daher hat auch der Flaggenwechsel nicht die Bedeutung wie im Seekriege; sollte man anderer Ansicht sein, so müßten die Bestimmungen der Londoner Konferenz über den Flaggenwechsel und die entsprechenden Vermutungen, namentlich die verhängnisvollen 30 Tage berücksichtigt werden. Doch alles dieses darf gar nicht zur Anwendung kommen, sondern nur der § 53 der Landkriegsordnung wonach Fahrzeuge auch privater Art vom feindlichen Staate zwar beschlagnahmt werden dürfen, aber beim Friedensschluß wieder zurückzugeben sind. Eine solche lediglich fürsorgliche Beschlagnahme ist berechtigt: sie gründet sich darauf, daß die privaten Luftfahrzeuge leicht von der feindlichen Macht in Kriegsluftschiffe umgewandelt oder jedenfalls als Kriegsluftfahrzeuge verwendet werden können, und dies soll durch die Beschlagnahme vermieden werden. Eine solche fürsorgliche Maßregel ist aber vom Beuterecht wohl zu unterscheiden[1]).

Die Lehre von der Konterbande hat man in das Kapitel des Seekrieges gestellt; in der Tat ist das Herbeischaffen der Konterbande überhaupt eine Völkerrechtswidrigkeit, welche bei jeder Art von Krieg in Betracht kommt; und wenn hier die Grundsätze des Seekriegsrechts angezogen werden, so geschieht es nur deshalb, weil die allgemeinen Rechtsgedanken sich im Seekriegsrecht entwickelt haben.

Daher muß auch hier der Unterschied zwischen absoluter und relativer Konterbande bestehen: ebenso die Bestimmung, daß gewisse Waren nie Konterbande sind; und was von dem Prinzip der einheitlichen Reise und seiner Beschränkung bestimmt ist, muß auch hier gelten. Nur kann die Norm des a. 36 der Londoner Erklärung keine Anwendung finden, da es für den Luftverkehr ohne Bedeutung ist, ob das Land die See berührt oder nicht.

Im übrigen besteht die bekannte Folge dieser Völkerrechtswidrigkeit darin, daß die Konterbande beschlagnahmt und eingezogen wird, und dazu auch alle anderen Waren des Eigentümers der Konterbande, die sich in demselben Schiffe befinden. Das Luftfahrzeug, welches die Konterbande enthält, ist wegen dieses Deliktes gleichfalls zu konfiszieren, sobald die Konterbande mehr als die Hälfte der Ladung ausmacht, die Führung der Konterbande mithin als seine Hauptfunktion erscheint.

Für das Droit de visite und den convoi müssen die Grundsätze des Seekrieges angewendet werden; auch die Bestimmung muß gelten, daß die Prisen weggenommen, und einem Prisengerichte zugeführt werden sollen, und es wird nicht ausbleiben, daß auch hier die Idee des internationalen Prisengerichtes Wurzel fasst.

Auch das ausnahmsweise Recht, das Konterbandeschiff (gegen eventuelle Entschädigung) zu zerstören, muß wie im Seekriege gelten.

Wie ein Konterbande führendes Fahrzeug wird ein neutrales Fahrzeug behandelt, welches eine feindliche Truppenabteilung oder auch nur einzelne eingereihte Personen enthält, sofern seine Reise speziell zu dem Zwecke erfolgt, um die Personen dem Feinde zuzuführen: außerdem ein Fahrzeug, welches speziell den Zweck erstrebt, Nachrichten an den Feind oder von diesem zu befördern, vgl. a 45 der Londoner Erklärung. Sofern sich aber das neutrale Schiff an den Feindseligkeiten beteiligt, oder ausschließlich zur Beförderung von Truppen oder Nachrichten im Interesse des Feindes bestimmt ist, unterliegt es unbedingt der Einziehung, vgl. a. 46 der Londoner Konvention.

Auch passiv können Luftfahrzeuge für das Recht der Konterbande in Betracht kommen.

Luftschiffe und Flugmaschinen und ihre Bestandteile gehören nach der Londoner Erklärung a 24, Ziffer 8, zu der relativen Konterbande; sie unterliegen daher der

---

[1]) Eine Zerstörung ist, namentlich wenn es sich um neutrales Gut handelt, nur nach dem jus angariae statthaft. Die Bestimmung des fünften Haager Abkommens § 19 über Eisenbahnmaterial eignet sich nicht für Luftfahrzeuge.

Beschlagnahme, wenn sie für den Gebrauch der Streitmacht unmittelbar oder mittelbar bestimmt sind, a 33, wobei die Vermutung des a 34 gilt. Das Prinzip der einheitlichen Reise ist hier ausgeschlossen: sie sind nur dann der Beschlagnahme unterworfen, wenn sie in der direkten Fahrt nach dem feindlichen Gebiet begriffen sind; das gilt sowohl dann, wenn sie zur See befördert werden, als auch dann, wenn die Beförderung auf dem Luftwege erfolgt: geschieht das letztere, so fällt, wie bemerkt, die Ausnahme des a 36 weg, da es für den Luftverkehr bedeutungslos ist, ob ein Land die See berührt oder nicht.

Auch eine Luftschiffblockade ist möglich, indem die kriegführende Macht bestimmt, daß in gewissen Gegenden des feindlichen Geländes private Luftfahrzeuge nicht fahren dürfen, also z. B. über einer Festung, welche dadurch mit Munition oder Lebensmittel versorgt wergen könnte. Der Blockadebegriff wird sogar im Luftrecht eine viel größere Bedeutung gewinnen, denn die kriegführende Macht kann bestimmen, daß über dem ganzen Gebiet des Kriegsschauplatzes keine private Luftfahrzeuge sich bewegen dürfen, weder zum Zwecke der Auskundschaftung noch zum Zwecke der Verbindung mit anderen Gebieten[1]). Eine solche Isolierung, welche dem Lande die Hilfe von diese Seite her nimmt, kann es außerordentlich schwächen und ihm die letzte Unterstützung rauben. Natürlich darf auch hier die Blockade keine Papierblockade sein: sie muß durch Aufstellung genügender Militärfahrzeuge gesichert werden, ansonst sie nicht rechtsgültig ist. Der Blockadebruch und alles, was damit zusammenhängt, ist nach dem Grundsatz des Seekriegsrechtes zu behandeln.

Namentlich gilt folgendes: die Freiheit der Briefsendungen muß auch im Luftkrieg gewahrt werden; dies erleidet aber eine Ausnahme für Briefe nach oder von einer blockierten Gegend, und blockiert kann ja hier das ganze feindliche Gelände werden.

§ 18.

Kriegsluftfahrzeuge der feindlichen Staaten dürfen nicht auf das neutrale Gebiet hinüberfahren: das Passierenlassen eines solchen Fahrzeugs wäre ebenso ein Verstoß gegen die Pflicht der Neutralität, wie die Gestattung des Durchganges eines Truppenteiles.

Sollte ein Kriegsluftfahrzeug durch die Macht der Natur in das neutrale Gebiet verstoßen werden und dort landen, so müßten dieselben Grundsätze gelten wie bei dem Übertritt des kriegerischen Heeres im Landkriege, und es wäre Sache des neutralen Staates, die militärischen Insassen nach der Ordnung des Landkrieges in Verhaft zu nehmen; das Fahrzeug wäre bis zu Ende des Krieges zu verwahren: dies gilt auch für unbemannte Ballons.

Das Prinzip von dem Ausschluß der Luftfahrzeuge auf neutralem Gebiete muß dann eine Ausnahme erleiden, wenn die Fahrzeuge sich regelmäßig über See oder über dem Küstengewässer halten und nur zum Zwecke der Proviantierung oder Reparatur das neutrale Gebiet berühren; hier gilt die 24 Stundenfrist, die nur im Falle der Havarie verlängert werden darf; hier gilt die Bestimmung, daß höchstens 3 Fahrzeuge zu gleicher Zeit anwesend sein dürfen, nicht eine ganze Flotte;

---

[1]) Auch nicht, um die erspähten Operationen durch Funkentelegraphie der Presse mitzuteilen. Vgl. Higgins, Z. f. Völkerrecht VI S. 19 f.

hier gilt die weitere Bestimmung, daß, wenn Luftfahrzeuge beider kriegführenden Staaten landen, sie nicht zu gleicher Zeit wieder auffliegen dürfen, sondern nur mit einem Zwischenraum von 24 Stunden. Auch was die Aufnahme von Lebensmitteln betrifft, muß das gleiche gelten: statt des Feuerungsmaterial kommt natürlich das Material an Benzin oder anderen Kraftstoffen in Betracht. Sollten die Luftfahrzeuge trotz Aufforderung den Neutralitätsbestimmungen nicht entsprechen, so können sie von der neutralen Macht so sehr havariert werden, daß ein weiteres Auslaufen für kriegerische Zwecke nicht möglich ist.

Wie die neutralen Gebiete, so dürfen auch die neutralisierten Gebiete, wie z. B. der Suezkanal, in ihrer Luftsphäre nicht zu kriegerischen Unternehmungen verwendet werden; daher können die Fahrzeuge des Luftkrieges vorübergehend passieren, aber unter der Bedingung, daß hier keine kriegerischen Operationen erfolgen und die Örtlichkeit nicht zum Stützpunkt für kriegerische Betätigungen werden darf: der ruhige Handelsverkehr soll nicht gestört werden. Vgl. die Suezkanalakte a 4.

Ein Privatluftfahrzeug kann in ein Kriegsluftfahrzeug umgewandelt werden; die Umwandelung kann natürlich nicht über einem neutralen Staat, wohl aber über dem Gebiete des eigenen oder des occupierten Staates oder über dem Gebiete der freien Gewässer stattfinden. Im übrigen können die Bestimmungen des Seerechtes angezogen werden: das Schiff muß den direkten Befehlen der kriegführenden Macht unterworfen werden, die Abzeichen des Kriegsschiffes an sich tragen und einen vom Staat ernannten Kommandanten haben, während die Mannschaft der kriegerischen Disziplin untersteht.

Da es den Neutralitätsgesetzen widerspricht, zu gestatten, daß eine kriegführende Macht funkentelegraphische Anstalten auf neutralem Gebiete errichtet, so kann eine funkentelegraphische Einrichtung für Kriegszwecke auch nicht auf einem Luftfahrzeuge geduldet werden, das über neutralem Gebiete schwebt.

Dagegen ist es keine Überschreitung der Neutralitätsgesetze, wenn solche Anstalten auf dem feindlichen Gebiete in der Nähe der Grenze getroffen werden und von da aus die Funkentelegraphie über das neutrale Land hindurchgeht; denn die Benützung des Luftraumes für Funkentelegraphie ist keine Verletzung der Neutralität. Sollte aber ein neutraler Staat einer kriegführenden Macht dies verbieten und etwaige Gegenmaßregeln ergreifen, so dürfte er nicht das gleiche der anderen feindlichen Macht zugestehen, da sonst der Grundsatz der Gleichbehandlung beider Teile verletzt würde.

Zu der Neutralitätspflicht gehört es auch, daß vom neutralen Staate aus keine Ausspähungen stattfinden; der neutrale Staat muß daher sein Land nicht nur an der Grenzlinie, sondern auch in entsprechender Entfernung von der Grenzvon Spähern frei halten.

Ist der neutrale Staat nicht verpflichtet, zu verhindern, daß von Privaten Kriegsmaterial an feindliche Staaten abgegeben wird, so verhält es sich anders, wenn eine derartige Unterstützung in größerem Umfange stattfindet, vor allem wenn Schiffe bewaffnet oder ausgerüstet werden, welche einer feindlichen Macht dienen sollen, oder wenn ein bereits fertiges Schiff von einem neutralen Hafen zur Unterstützung einer feindlichen Macht ausläuft. Die Washingtoner Übereinkunft, welche in dem 13. Haager Abkommen a. 8 sanktioniert worden ist, muß sicher auch auf Luftfahrzeug bezogen werden; denn auch hier handelt es sich nicht etwa bloß um Waffen, Munition oder ähnliche Dinge, sondern um ein strategisches Mittel, durch welches menschliche Streitkräfte nach bestimmten Gegenden des Kriegsschauplatzes befördert werden, was dem Kriege eine ganz neue Wendung geben kann. Das haben die Luftschiffe und Flugmaschinen mit den Seeschiffen gemein: man denke sich den Fall, daß eine ganze Schar von Fliegern von einem neutralen Gebiete auffliegt und einer feindlichen Macht dienstbar wird.

§ 19.

Die Grundsätze der Genfer Konvention müssen analog in Anwendung gebracht werden. Ob es hier Sanitätsfahrzeuge geben wird, steht dahin; doch ist es wahrscheinlich. In solchem Falle müssen sie natürlich eine besondere weit sichtbare Bezeichnung haben, und muß ihre Wirksamkeit näher geordnet werden; es wird dann neben militärischen auch private Sanitätsfahrzeuge geben, unter ähnlichen Bedingungen wie im Seekrieg, die ebenfalls der feindseligen Behandlung entzogen sind; auch sind die Grundsätze des Seekrieges über Zulassung privater Sanitätsschiffe anzuwenden. Wird ein Luftschiff mit etwaigem Sanitätspersonal gefangen, sei es in der Luft oder beim Absteigen, so müssen die Grundsätze der Genfer Konvention gelten: das Sanitätspersonal hat sich noch so lange aufzuhalten, als es für die Pflege der Verwundeten notwendig ist (gegen entsprechende Vergütung), muß aber dann (mitsamt seinem Privateigentum) frei nach Hause entlassen werden.

Daß auch sonstige Grundregeln für die Humanisierung des Krieges z. B. das Verbot der Anwendung vergifteter Waffen, des Gebrauchs von Dumdumgeschlossen, des Mißbrauchs der Parlamentärflagge usw. gelten müssen, versteht sich von selbst.

Anhang.

I. Verordnung des preußischen Ministers des Innern und der öffentlichen Arbeiten.[1])

Über die Maßnahmen, welche staatlicherseits gegenüber den Luftschiffahrten und dem Flugwesen getroffen werden müssen, schweben zurzeit internationale Verhandlungen, an denen auch Deutschland beteiligt ist. Nach ihrem Abschluß, der zu Ende dieses Jahres zu erwarten ist, sollen zur Erfüllung der internationalen Vereinbarungen und zur Erzielung der auf diesem Gebiete nach Lage der Verhältnisse gebotenen Einheitlichkeit der Bestimmungen vom Reiche gesetzgeberische Maßnahmen eingeleitet werden. Die in letzter Zeit sich häufenden Unglücksfälle bei Flugversuchen und Luftschiffahrten, sowie die Zunahme der Flugwettbewerbe und solcher Luftschiffahrten, bei denen Fahrgäste mitgenommen werden, lassen es aber nicht tunlich erscheinen, die reichsgesetzliche Regelung abzuwarten. Vielmehr werden im Interesse der öffentlichen Sicherheit schon jetzt gewisse Maßnahmen im Wege der Einwirkung auf die Vereine sowie des Erlasses polizeilicher Anordnungen vorzusehen sein. Hierbei kann freilich nicht unbeachtet bleiben, daß es sich um eine Materie handelt, die einerseits wegen ihrer Neuheit und des Mangels an ausreichenden Erfahrungen besondere Schwierigkeiten bietet, andererseits auch zu möglichster Rücksichtnahme und Schonung der noch im Anfange stehenden Entwicklung nötigt, um weiteren Fortschritten auf dem neugewonnenen Gebiete keine Hemmungen zu bereiten. Diese Erwägungen werden auch bei der Anwendung und Durchführung der nachstehenden Anordnungen stets im Auge behalten werden müssen. Wie diese Anregungen nach vorherigen Besprechungen und im Einvernehmen mit den Vertretern der die Interessen des Flugwesens und der Luftschiffahrt wahrnehmenden Vereine zustande gekommen sind, werden die Behörden auch bei ihrer Handhabung auf Fühlung mit den Vereinsorganen Bedacht zu nehmen haben.

Nach Lage der Verhältnisse wird es sich empfehlen, von der Zusammenfassung der Anordnungen in eine mit Strafvorschriften ausgestattete Polizeiverordnung im allgemeinen abzusehen, und soweit nicht die Art der Anordnung den Erlaß einer Verordnung erfordert, zu versuchen, ob nicht das Interesse der allgmeinen Sicherheit in ausreichender Weise durch polizeiliche Verfügungen an die in Betracht kommenden Vereine und an Einzelpersonen nach folgenden Grundsätzen gewahrt werden kann.

A. Flugwesen.

1. Flugversuche der nicht mit einem Führer-Prüfungszeugnis ausgestatteten Personen sind außer an den für diese Zwecke hergerichteten und eingefriedigten Flugplätzen da zuzulassen, wo mit Rücksicht auf die Lage zu den Verkehrsstraßen und dem Umfang des Verkehrs von

---

[1]) Es scheint früher die Absicht bestanden zu haben, das Überfliegen von Städten durch die Flugmaschinen ganz zu untersagen. Mit Recht erklärt die Preußische Ministerialordnung, daß man davon Abstand genommen habe und nur die Aviatiker vor den Gefahren warnt, die ein solcher Flug herbeiführt. Verboten aber ist der Flug über Fabriken mit explosiven Stoffen, Petroleumlagern usw., wodurch eine Explosion herbeigeführt werden könnte, verboten auch der Flug, welcher mit Drahtleitungen von starker elektrischer Spannung in Kollision käme.

einer derartigen, nötigenfalls auf bestimmte Tagesstunden begrenzten oder durch gewisse Schutzmaßnahmen eingeschränkten Benutzung eine Gefährdung der öffentlichen Sicherheit nicht zu befürchten ist.

2. Flieger, die ein Prüfungszeugnis besitzen, werden im allgemeinen außerhalb der bewohnten Ortschaften überall mit ihrem Flugzeug aufsteigen dürfen. Wo aber die besonderen Verhältnisse es erforderlich machen, haben die Polizeibehörden auch über die Grenzen der Ortschaften hinaus einen Bezirk zu bestimmen, in welchem das Aufsteigen ohne Erlaubnis verboten ist.

3. Von einem allgemeinen Verbot des Überfliegens bewohnter Ortschaften ist abzusehen. Die Flieger sind aber vor dem Überfliegen größerer Ortschaften unter Hinweis auf die hierbei drohenden Gefahren zu warnen. Auch ist ihnen das Überfliegen von Sprengstoffabriken, Petroleumlagern, Gasanstalten und ähnlichen feuergefährlichen Anlagen, sowie von Grundstücken, die von elektrischen Hochspannungsleitungen netzartig überzogen sind, zu verbieten.

Flüge über Befestigungen und innerhalb eines Umkreises von 10 km von solchen sind, falls nicht eine schriftliche Erlaubnis der zuständigen militärischen Behörde (Gouvernement, Kommandantur usw.) erteilt ist, zu verbieten. Bei der Landung von Fliegern, die hiergegen verstoßen haben, sind sowohl sie selbst als auch Mitfahrende als der Spionage verdächtig anzusehen; ihre Personalien sind festzustellen, und es ist nachzuforschen, ob verdächtige photographische Aufnahmen oder Zeichnungen gemacht worden sind.

4. Eine besondere Kennzeichnung der Flugzeuge soll einstweilen nicht gefordert werden.

5. Alle Personen, welche Flüge, abgesehen von den unter Ziffer 1 bezeichneten Flugversuchen, an dazu geeigneten Stellen unternehmen wollen, bedürfen dazu eines „Zeugnisses für Flugzeugführer", welches von dem Vorstande des Deutschen Luftschifferverbandes, Berlin W. 9, Voßstraße 21, ausgestellt worden ist. Dieses Zeugnis muß darüber Auskunft geben, mit welcher Art (Typ) von Flugzeugen der Inhaber zu fliegen für befähigt erachtet worden ist. Das Aufsteigen mit einem anderen Typ als dem in dem Führerzeugnis bezeichneten ist zu untersagen, bis der betreffende Flieger die Ausdehnung seines Zeugnisses auf den anderen Typ bei dem Vorstande des Deutschen Luftschifferverbandes eingeholt hat.

6. Von einer Prüfung und Abnahme der Flugzeuge kann vorläufig noch abgesehen werden.

7. Die Polizeibehörden haben namentlich darauf zu achten, daß die Personen, welche Schauflüge und sogenannte Passagierflüge (Mitnehmen von unbeteiligten Dritten, Führeraspiranten usw.) ausführen, sich im Besitze des Flugzeugführerzeugnisses (Ziffer 5) befinden.

8. Der Vorstand des Deutschen Luftschifferverbandes wird von jedem Falle der Erteilung, Ausdehnung oder Entziehung des Flugzeugführerzeugnisses dem Polizeipräsidenten in Berlin Mitteilung machen. Bestehen hinsichtlich eines solchen Zeugnisses oder seines Inhabers Zweifel, so hat die Polizeibehörde sich um Auskunft an den Polizeipräsidenten in Berlin zu wenden.

9. Im übrigen ist die Flug- und Sportplatz-Gesellschaft Berlin-Johannisthal in Berlin W. 35, Lützowstraße 89/90, bereit, Auskünfte über Flieger und Flugzeuge zu erteilen.

B. Luftschiffahrt.

a) In Luftschiffen.

1. Die Führer von Luftschiffen, in denen Fahrgäste (unbeteiligte Dritte, Führeraspiranten usw.) mitgenommen werden, müssen sich im Besitz eines von dem Vorstande des Deutschen Luftschifferverbandes ausgestellten „Zeugnisses für Luftschiffführer" befinden. In jedem derartigen Luftschiffe muß mindestens ein durch ein solches Zeugnis anerkannter Führer vorhanden sein. Es ist darauf hinzuwirken, daß möglichst alle an der Führung des Luftschiffes beteiligten Personen (Höhensteuermann, Seitensteuermann usw.) das Führerzeugnis erworben haben. Das Führerzeugnis muß für den Typ von Luftschiffen ausgestellt sein, welchen der Inhaber bei Fahrten mit Fahrgästen bedienen soll. Ferner muß in einem Luftschiff, das zu solchen Fahrten dient, die mit der Handhabung des Motors betraute Besatzung ihre Befähigung hierfür

durch ein Zeugnis nachweisen, das von einem Sachverständigen zur Prüfung von Kraftfahrzeugführern ausgestellt worden ist.

2. Der Veranstalter der Fahrten mit Fahrgästen hat ein der Polizeibehörde auf Verlangen vorzulegendes Revisionsbuch zu führen, in welches der verantwortliche Leiter des Luftschiffes einzutragen hat, wann und wie die einzelnen Teile des Luftschiffes einer Prüfung auf ihre Brauchbarkeit und Zuverlässigkeit unterworfen worden sind. Das Revisionsbuch ist nach anliegendem Muster Anlage A einzurichten. (Wird später veröffentlicht).

Die Firma, von welcher es bezogen werden kann, wird von dem Deutschen Luftschifferverbande bekanntgemacht werden.

3. Auf die Veranstalter von Fahrten mit Fahrgästen finden die Vorschriften unter A 3 Abs. 2 entsprechende Anwendung.

b) In Freiballonen.

1. Der Führer von Freiballonen, in denen Fahrgäste mitgenommen werden, müssen sich im Besitze eines von einem Verein des Deutschen Luftschifferverbandes ausgestellten, von dem Verbandsvorstande visierten Führerzeugnisses befinden.

2. Fahrgäste dürfen bei Fahrten von Freiballonen nur dann mitgenommen werden, wenn der Führer ein Zeugnis darüber beibringt, daß der Freiballon hinsichtlich des Materials und der Ausstattung einer Prüfung durch einen von der Landespolizeibehörde zu bestimmenden Verein oder Sachverständigen unterzogen worden ist. Dieses Zeugnis hat ein Jahr Gültigkeit.

3. Bei dem Aufstiege von Freiballonen zu Fahrten mit Fahrgästen muß ein Beauftragter des zuständigen Vereins, oder in dessen Ermangelung ein Beauftragter der Ortspolizeibehörde zugegen sein.

4. Luftschiffer, welche ein Führerzeugnis erwerben oder Fahrten mit Fahrgästen veranstalten wollen, ohne Mitglieder eines dem Deutschen Luftschifferverbande angehörenden Vereins zu sein, haben sich an den Verein ihres Wohnorts, erforderlichenfalls wegen Bezeichnung eines derartigen Vereins an den Vorstand des Deutschen Luftschifferverbandes zu wenden.

C. Fesselballone.

1. Die Führer von Fesselballonen, in denen Fahrgäste mitgenommen werden, müssen sich im Besizte eines von einem Verein des Deutschen Luftschifferverbandes ausgestellten, von dem Verbandsvorstande visierten Führerzeugnisses befinden.

2. Fahrgäste dürfen bei Aufstiegen von Fesselballonen nur dann mitgenommen werden, wenn der Führer ein Zeugnis darüber beibringt, daß der Fesselballon hinsichtlich des Materials und der Ausstattung einer Prüfung durch einen von der Landespolizeibehörde zu bestimmenden Verein oder Sachverständigen unterzogen, und wenn die Aufstiegstelle von einem Sachverständigen für geeignet befunden worden ist. Die Prüfungsbescheinigung hat ein Jahr Gültigkeit.

3. Vor dem Beginn von Aufstiegen mit Fesselballonen, soweit solche nicht wissenschaftlichen Zwecken dienen, muß eine Besichtigung des Ballons und seines Zubehörs durch einen Beauftragten des zuständigen Vereins oder in dessen Ermangelung durch einen Beauftragten der Ortspolizeibehörde erfolgen.

4. Personen, welche ein Führerzeugnis erwerben oder Aufstiege mit Fahrgästen veranstalten wollen, ohne Mitglieder eines dem Deutschen Luftschifferverbande angehörenden Vereins zu sein, haben sich an den Verein ihres Wohnortes, erforderlichenfalls wegen Bezeichnung eines derartigen Vereins an den Vorstand des Deutschen Luftschifferverbandes zu wenden.

5. Aufstiege mit Fahrgästen dürfen innerhalb eines Umkreises von 10 km von Befestigungen nur mit schriftlicher Zustimmung der zuständigen Militärbehörde zugelassen werden. Die Vorschriften unter A 3 Abs. 2 finden entsprechende Anwendung.

D. Allgemeines.

1. Für Ausländer treten an die Stelle der unter A 5, B a 1, b 1 und C 1 erwähnten Zeugnisse die entsprechenden, von dem Vorstande des Deutschen Luftschifferverbandes anerkannten ausländischen Zeugnisse.

2. Die Bestimmungen unter A, B und C finden keine Anwendung auf die Luftfahrzeuge der Militärverwaltung.

3. Die Polizeibehörden haben von den ihrerseits erlassenen Anordnungen allgemeiner Natur, namentlich von solchen, durch die aus besonderen Gründen das Aufsteigen von Fliegern auch außerhalb geschlossener Ortschaften verboten oder von einer besonderen Erlaubnis abhängig gemacht wird, sowohl dem Deutschen Luftschifferverbande als auch den in der Anlage C aufgeführten Fachblättern mitzuteilen. Kosten dürfen den Behörden durch die Veröffentlichung der Anordnungen in diesen Blättern nicht entstehen.

Der Minister der öffentlichen Arbeiten.
gez. v. Breitenbach.

Der Minister des Innern.
In Vertretung: gez. Holtz.

An die Herren Regierungspräsidenten und den Herrn Polizeipräsidenten in Berlin.

Anlage A.

Muster zum Revisionsbuch.

Seite 1

Nationale.

Besitzer: . . . .
. . . .
Hersteller: . . . .
. . . .
System (Fabrikzeichen): . . . .
. . . .
Datum der Herstellung: . . . .
Indienststellung: . . . .
Gas-Rauminhalt in cbm: . . . .
Länge: . . . . } des Tragekörpers.
Höhe: . . . .
Größte Breite: . . . .
Einschl. Anbauten: . .
Gesamthöhe des Luftschiffes: . . . .

Seite 2

Zahl und Art der Gondeln: . . . .
Aufhängung der Gondeln: . . . .
Zahl, Verteilung und Stärke der Motoren: . .
. . . .
Zahl, Art, Größe, Ort, Material und Benzinbehälter: . . . .
. . . .
Zahl, Verteilung, Art und Größe der Luftschrauben: . . . .
. . . .
Zahl und Art der Steuer:
a) Höhensteuer: . . . .
b) Seitensteuer: . . . .
Zahl, Größe, Stoff der Gaszellen: . . . . .
. . . .
Ballonets: . . . .
. . . .
Zahl und Art der Ventilatoren: . . . . . .
. . . .

Seite 3

Zahl: . . . . } der Gasventile.
Art: . . . .
Ort: . . . .
Größe: . . . .
Hub: . . . .
Ballonetventile: . . . .
. . . .
Ventilbetätigung durch: . . . .
. . . .
Räume für Fahrgäste: . . . .
. . . .
Höchstzahl der Fahrgäste: . . . .
Mindestgewicht an Ballast: . . . .
Art und Unterbringung des Ballast: . . . .
. . . .

Seite 4

(Seiten 5 bis 14 wie 4).

Revisionsbefunde.

Datum: . . . .
Gashüllen (Festigkeit): . . . .
„ (Dichtigkeit): . . . .
Ballonets: . . . .
Ventile: . . . .
Starre Gerüstteile: . . . .
Gondeln: . . . .
Steuerorgane: . . . .
. . . .

Aufhängung: . . . .

. . . .

Motoren: . . . .

Luftschrauben: . . . .

Ventilatoren: . . . .

Kraftübertragungen: . . . .

. . . .

Ballasteirinchtungen: . . . .

Seite 15

(Ebenso eine beliebige Anzahl Doppelseiten.)

Fahrtberichte.

(für jede Fahrt auszufüllen.)

Tag: . . . .

Führer: . . . .

Besatzung: . . . .

. . . .

Fahrgäste: . . . .

. . . .

Gasfüllung: Tag: . . . . . Menge: . . .

Letzte Nachfüllung: . . . . „ . . .

Betriebsstoffe:

a) Benzin: . . . .

b) Öl: . . . .

c) Kühlwasser: . . . .

Seite 16

Ballast: . . . .

. . . .

Aufstiegsort: . . . .

Aufstiegszeit: . . . .

Fahrt über: . . . .

. . . .

Fahrt nach: . . . .

. . . .

Größte Höhe: . . . .

. . . .

Landungszeit: . . . .

Landungsort: . . . .

Ballastverbrauch: . . . .

. . . .

Grund der Landung: . . . .

Witterung: . . . .

Bemerkungen: . . . .

Anlage B.

Vereine, die zur Prüfung von Freiballonen und Fesselballonen ermächtigt sind:

1. Berliner Verein für Luftschiffahrt, Berlin W. 9, Voßstraße 21;
2. Niederrheinischer Verein für Luftschiffahrt, Barmen, Hugo Eckert;
3. Posener Verein für Luftschiffahrt, Posen, Thiergartenstraße 8;
4. Ostdeutscher Verein für Luftschiffahrt, Graudenz, Oberbergstraße 40 I;
5. Mittelrheinischer Verein für Luftschiffahrt Mainz, Schillerplatz 1;
6. Cölner Klub für Luftschiffahrt, Cöln, Kattenbug 1—3;
7. Niedersächsischer Verein für Luftschiffahrt, Göttingen, Sternstraße 6;
8. Schlesischer Verein für Luftschiffahrt, Breslau, Kaiser-Wilhelm-Straße 21;
9. Pommerscher Verein für Luftschiffahrt, Stettin, Gr. Domstraße (Kreishaus);
10. Hamburger Verein für Luftschiffahrt, Hamburg, Rechtsanwalt Dr. Mönckeberg, Hamburg, Gr. Bleichen 64;
11. Württembergischer Verein für Luftschiffahrt, Stuttgart;
12. Magdeburger Verein für Luftschiffahrt, Magdeburg, Wetterwarte der Magdeb. Zeitung, Bahnhofstraße 17;
13. Frankfurter Verein für Luftschiffahrt, Frankfurt a. M., Kettenhofweg 136;
14. Lübecker Verein f. Luftschiffahrt, Lübeck, Israelsdorfer-Allee 13a;
15. Sächsisch-Thüringischer Verein für Luftschiffahrt, Weimar, Belvedere-Allee 5; Sektion Halle a. S., Halle a. S., Poststr. 6; Sektion Erfurt, Erfurt, Bismarckstr. 6; Sektion Thüringische Staaten, Jena, Weimar, Belvedere-Allee 5;
16. Kaiserlicher Aero-Club, Berlin W. 30, Nollendorfplatz 3;
17. Nordwestdeutscher Verein für Luftschiffahrt, Osnabrück, Wittekindstraße 4;
18. Hannoverscher Verein für Luftschiffahrt, Hannover, Schriftführer: Podbielskistraße 327;
19. Verein für Luftschiffahrt, Kolmar (Pos.), Kolmar (Pos.), Bankdirektor Strohmann;
20. Leipziger Verein für Luftschiffahrt, Leipzig, Markt 1;
21. Braunschweigischer Verein für Luftschiffahrt, Braunschweig, Augusttorwall 5;
22. Verein für Luftschiffahrt von Bitterfeld und Umgegend, Bitterfeld, Weststraße 5 und Lindenstraße 18;
23. Ostpreußischer Verein für Luftschiffahrt, Königsberg i. Pr., Steindamm 2;
24. Westpreußischer Verein für Luftschiffahrt, Danzig, Holzmarkt 12/14;

25. Bremer Verein für Luftschiffahrt, Bremen;
26. Anhaltischer Verein für Luftschiffahrt, Dessau;
27. Bromberger Verein für Luftschiffahrt, Bromberg;
28. Westfälisch-Lippescher Verein für Luftschiffahrt, Bielefeld;
29. Oldenburgischer Verein für Luftschiffahrt, Oldenburg;
30. Verein für Luftschiffahrt am Bodensee, Konstanz;
31. Trierer Klub für Luftschiffahrt, Trier;
32. Luftschiffahrtsverein für Münster und das Münsterland, Münster;
33. Seeoffizier-Luftklub, Wilhelmshaven;
34. Kurhessischer Verein für Luftschiffahrt, Marburg.

Anlage C.

Fachblätter.

1. Deutsche Zeitschrift für Luftschiffahrt, Berlin W. 35, Lützowstraße 105;
2. Die Luftflotte, Berlin W. 30, Martin-Luther-Straße 10.
3. Zeitschrift für Flugtechnik und Motorluftschiffahrt, Berlin W. 57, Bülowstr. 73;
4. Luftschiffahrt, Flugtechnik und -sport, Bielefeld, Verlag E. Gundlach.
5. Im Reich der Lüfte, Berlin SW. 68, Zimmerstraße 70;
6. Der Luftverkehr, Leipzig - Plagwitz, Nonnenstraße 25/27;
7. Flugsport, Frankfurt a. M., Bahnhofsplatz 8.

II. Die englische Aerial Navigation Act, 1911.

(1 & 2 Geo. 5.)

Chapter 4.

An Act to provide for the protection of the public against dangers arising from the Navigation of Aircraft.

(2nd June 1911).

Be it enacted by the King's most Excellent Majesty, by and with the advice consent of the Lords Spiritual and Temporal, and Commons, in this present Parliament assembled, and by the authority of the same, as follows:

Power to prohibit navigation of aircraft over prescribed areas.

1. (1) A Secretary of State may, for the purpose of protecting the public from danger, from time to time by order prohibit the navigation of aircraft over such areas as may be prescribed in the order, and, if any person navigates an aircraft over any such area in contravention of any such order, he shall be guilty of an offence under this act, unless he proves that he was compelled to do so by reason of stress of weather or other circumstances over which he had no control.

(2) Any such order may apply either generally to all aircraft or to aircraft of such classes and descriptions only as may be specified in the order, and may prohibit the navigation of aircraft over any such presrcibed area either at all times or at such times or on such occasions only as may be specified in the order, and either absolutely or subject to such exceptions or conditions as may be so specified.

Penalties for offences.

2. (1) If any person is guilty of an offence under this Act he shall be liable on conviction on indictment or on summary conviction to imprisonment for a term not exceeding six months, or to a fine not exceeding two hundred pounds, or to both such imprisonment and fine.

(2) Any person aggrieved by a summary conviction under this Act may, in England or Ireland, appeal to a court of quarter sessions, and in Scotland in like manner as in the case of a conviction under the Motor Car Act, 1903, as provided by section eighteen of that Act [1]).

3. This Act may be cited as the Aerial Navigation Act 1911.

[1]) Vgl. 3 Edw. 7. c. 36.

III. Bill der American Bar Association Septembre 1910[1]).

An act to regulate commerce by air-ships.

Section 1. Be it enacted by the Senate and House of Representatives of the United States of America, in Congress assembled, that

The term air-ship in this Act includes every kind of vehicle or structure intended for use as a means of transporting passengers or goods, or both, in the air.

The term aeronaut in this Act includes every one who, being in or upon any such vehicle or structure, or anything thereto attached, undertakes to direct its ascent, or course, or descent in the air.

The verb to fly and the word voyage, as used in this Act, include every kind of locomotion by an air-ship.

Sec. 2. No air-ship shall be flown from any point within the jurisdiction of the United States to a foreign country, or from any point within any State of the United States to any other State of the United States, or from any point in any Territory of the United States to any other Territory of the United States, or any State of the United States, or any foreign country, except under the conditions prescribed in the following sections.

Sec. 3. It must carry and be in charge of an aeronaut, whose competency, as such, is certified under the authority of the United States.

Sec. 4. It must either carry a flag of the United States not less than six feet by ten in size, and display the same while over the territory of any foreign country, or it must have a copy of the flag, of not less size, painted on some part of the air-ship, so as to be visible to those who may be beneath it.

Sec. 5. It must have a number, in characters not less than three feet in height, painted on some part oft the air-ship, so as to be visible to those who may be beneath it.

Sec. 6. It must be registered by this number in the office of the Collector of Internal Revenue for the district including the residence of the owner or charterer, or if such owner or charterer do not reside in any such district, then in the office of such collector for the district in which the voyage is to be begun by the ascent of the air-ship: and a certificate of the registry issued by said collector.

Sec. 7. The owner of the air-ship, or if he has let it to another for such voyage, either the owner or such charterer, shall, before the voyage is commenced, file in the office of such Collector a bond to answer for all damages that may result to any person or persons, as an incident of any voyage that said air-ship may make or attempt to make, either from the descent of the air-ship, or from the fall of the air-ship, or any part thereof, or anything that was on board of it, or from the trailing of anything in the nature of a guide-rope. Such bond must be a joint and several bond, signed, by such owner or charterer and a sufficient surety, and shall be for such an amount, not less than $ 1000, as the Collector of Internal Revenue for the District wherein the air-ship is registered may order, and such Collector must also endorse the bond with his approval of the sufficiency of the surety. Such bond shall be payable to the United States of America; but any person claiming damages thereunder may bring suit upon it any court having competent jurisdiction, whether a court of the United States or of any State or Territory of the United States, or of any foreign country, within the territorial jurisdiction of which court he claims that such damages were caused; or, at the option, of such plaintiff, in any such court within the territorial jurisdiction of which he can make due service of process on the bondsmen or either of them. If such suit be terminated by a judgment for the defendant, he shall recover the costs of suit from the party bringing such suit.

Sec. 8. The air-ship must carry, throughout any trip, a copy of such bond and of its certificate of registry, and of the certificate of the competency of the aeronaut, which copies shall be authenticated under the hand seal of the Collector of Internal Revenue, in whose office the original of each must be filed.

---

[1]) Nach Michigan Law Review IX p. 25 f.

Sec. 9. The aeronaut for the voyage, as an incident of which any damage may be claimed, shall allow any party claiming to be so damaged to make and keep copies of any or all of the papers mentioned in Section 8.

Sect. 10. The certificate mentioned in Section 3 may be granted by the District Attorney of the United States for any Judicial District, after such examination and tests as he may think fit to impose, to be conducted by himself of such persons as he may appoint or approve. It shall be signed by the clerk of the District Court of the United States in which he is Attorney, and authenticated under the seal of the court.

The expence of such examination, tests, certificate, shall be paid by the applicant for such certificate, in advance, and if a certificate be refused, the fee for the certificate shall be refunded to him.

Sec. 11. Said bond may be limited to be in force for only one year from the date of filing, or for any other term exceeding one year. If not so limited, it shall be in force during the life of the air-ship therein mentioned.

Sec. 12. No minor shall receive a certificate of competency.

Sec. 13. Fees under this Act shall be collectible as follows.

To the District Attorney.

For the examination and tests provided for by Section 10, such sum as he may demand in any instance, not exceeding $ 25; for granting a certificate or competency, $ 5.

To the Clerk of the District Court.

For the issue of a certificate of competency under seal, $ 2.

To the Collector of Internal Revenue.

For filing each certificate of competency or bond, $ 1; for making, recording and certifying to each registry, $ 2; for authenticating a copy of either certificate or of the bond, $ 2; for approving or disaproving every bond offered for his approval, $ 5.

Sec. 14. Any violation of any provision of this Act by the owner or charterer of any air-ship, or by any aeronaut, shall be a misdemeanor, and punishable by a fine not exceeding $ 1000 or by imprisonment for not exceeding thirty days, or by both, at the discretion of the court.

IV. Beschlüsse der Madrider Verhandlung des Institut de droit international 1911.

Régime juridique des Aéronefs.

1. Temps de Paix.

1. Les aéronefs so distinguent en aéronefs publics et en aéronefs privés.

2. Tout aéronef doit avoir une nationalité et une seule. Cette nationalité sera celle du pays ou l'aéronef aura été immatriculé. Chaque aéronef doit porter des marques speciales de reconnaissance. L'Etat auquel l'immatriculation est demandée, détermine à quelles personnes et sous quelles conditions il peut l'accorder, la suspendre ou la retirer.

L'Etat qui immatricule l'aéronef d'un propriétaire étranger ne saurait toutefois prétendre à la protection de cet aéronef, sur le territoire de l'Etat dont relève ce propriétaire, contre l'application des lois par lesquelles cet Etat aurait interdit à ses nationaux de faire immatriculer leurs aéronefs à l'étranger.

3 . La circulation aérienne internationale est libre, sauf le droit pour les Etats sus-jacents de prendre certaines mesures, à determiner, en vue de leur propre sécurité et de celle des personnes et des biens de leurs habitants.

2. Temps de guerre.

1. La guerre aérienne est permise, mais à la condition de ne pas présenter pour les personnes ou la propriété de la population pacifique de plus grands dangers que la guerre terrestre ou maritime.

V. Französisches Dekret über die Aviatik vom 21. November 1911[1]).

Le Président de la République française,

Sur les rapports des ministres des travaux publics, des postes et des télégraphes, de l'intérieur, des finances, de la guerre et de la marine,

Vu l'avis de la commission permanente de la navigation aérienne, instituée par arrêté du ministre des travaux publics, des postes et des télégraphes en date du 28 juin 1910,

Décrète:

TITRE PREMIER. — Des permis de navigation.

Article premier. — Aucun aéronef ne peut être mis en service en France sans un permis de navigation, à moins qu'il ne satisfasse anx conditions prévues par les conventions internationales.

Art. 2. — La demande de permis est adressée par le propriétaire de l'aéronef au préfet de la résidence.

A la demande doivent être joints:

1° L'indication du nom, du domicile et de la nationalité du propriétaire. Si la demande émane d'un étranger, l'identité du requérant est établie par des actes visés par les autorités consulaires de son pays;

2° La photographie de l'aéronef, si la demande s'applique à un ballon dirigeable ou à un appareil d'aviation;

3° La justification que l'aéronef est d'origine française ou a acquitté les droits de douane;

4° Un certificat de navigabilité.

Art. 3. — Le certificat de navigabilité est établi par le service des mines après essais jugés par lui suffisants.

Le certificat de navigabilité doit contenir les indications suivantes: nom ou raison sociale et domicile du constructeur; lieu et année de la fabrication; numéros et autres marques d'identification données par le constructeur; caractéristiques de l'aéronef conformément aux prescriptions déterminées par une instruction du ministre des travaux publics. Le requérant est tenu de remettre au service des mines tous les documents nécessaires à l'établissement de ces indications.

Peuvent être considérés par le service des mines comme présentant des garanties suffisantes de navigabilité: les aéronefs reconnus, après essais, aptes à naviguer par les associations habilitées à cet effet, ceux d'origine française conformes à un type déjà agréé, ainsi que les ballons libres.

En vue de l'application du présent article, tout constructeur d'un appareil d'un type déjà agréé doit donner à chaque appareil un numéro de série, et dans la série à laquelle il appartient, un numéro d'ordre. Il remet à son acheteur une déclaration indiquant les caractéristiques de l'aéronef et attestant qu'elles sont entièrement conformes à celles du type déjà agréé. Cette pièce est jointe à la demande de certificat adressée au service des mines.

Sont également adressées au service des mines les attestations de navigabilité émanant des sociétés qui ont constaté la navigabilité d'un aéronef.

Art. 4. — Sur le vu de la demande de permis et des pièces annexées, le préfet procède à l'immatriculation de l'aéronef.

L'inscription sur le registre matricule comprend: 1° la date de l'inscription; 2° le numéro d'ordre du registre matricule; 3° l'indication du port d'attache si l'aéronef est un ballon dirigeable; 4° la description de l'aéronef; 5° l'indication des marques d'identification données par le constructeur; 6° les lettres et la numéro distinctifs donnés par le préfet dans les conditions qui seront fixées par le ministre des travaux publics; 7° les nom, domicile et nationalité du propriétaire de l'aéronef.

Après avoir procédé à l'immatriculation, le préfet délivre le permis de navigation qui reproduit les mentions du certificat de navigabilité et celles du registre matricule. Sur le permis est apposée la photographie de l'aéronef, s'il s'agit d'un ballon dirigeable ou d'un appareil d'aviation.

---

[1]) Locom. aérienne II p. 305f.

Art. 5. — Aucun aéronef ne peut circuler sans porter en caractères apparents, dans les conditions qui seront fixées par le ministre des travaux publics:

1⁰ La lettre F, si l'aéronef appartient à un Français ou à un étranger domicilié en France, ou à une société ayant son siège social en France;

2⁰ Les lettres et numéros distinctifs inscrits sur le registre matricule.

Art. 6. — Le permis de navigation cesse d'être valable et doit être renouvelé en cas de changement entraînant des modifications dans ses énonciations. Le permis qui a cessé d'être valable doit être renvoyé par le titulaire de ce permis au préfet dont il émane, aux fins de radiation à effectuer sur le registre matricule.

Le propriétaire d'un aéronef est également tenu de renvoyer aux fins de radiation son permis de navigation au préfet qui l'a délivré si l'aéronef a été détruit ou s'il est hors d'usage.

Art. 7. — A toute époque, le service des mines peut visiter les aéronefs admis à circuler.

Les associations dûment habilitées peuvent également visiter les aéronefs dont elles ont garanti la navigabilité; elles doivent communiquer au service des mines le résultat de leurs visites.

S'il est constaté qu'un aéronef ne répond plus aux spécifications du permis de navigation, ce permis est retiré par arrêté du préfet sur avis du service des mines, et notification immédiate de cet arrêté est faite au propriétaire de l'appareil.

S'il est reconnu qu'un aéronef n'est pas en bon état d'entretien, le permis peut également être retiré, après une mise en demeure restée sans effet.

TITRE II. — De la conduite des aéronefs.

Art. 8. — Les aéronefs ne sont admis à circuler que s'ils ont à bord un pilote pourvu d'un brevet d'aptitude.

Le brevet d'aptitude est délivré par le préfet, après examen par le service des mines où par une société habilitée à cet effet par l'administration.

Art. 9. — Des brevets différents sont délivrés pour la conduite d'un ballon libre, d'un ballon dirigeable ou d'un appareil d'aviation, et le brevet d'aptitude délivré pour une catégorie d'aéronefs n'habilite pas à conduire un appareil d'une autre catégorie.

Art. 10. — Le brevet d'aptitude contient les nom, prénoms et signalement du titulaire, son lieu et sa date de naissance, ainsi que sa photographie et sa signature.

Il ne peut être accordé à des personnes âgées de moins de dix-huit ans, sauf autorisation spéciale du ministre des travaux publics; il ne peut être délivré qu'à des personnes de bonne moralité.

Le brevet d'apitude peut être retiré par le préfet, sauf recours au ministre des travaux publics, s'il est évident que les conditions dans lesquelles il a été délivré ne sont plus remplies.

TITRE III. — De la circulation des aéronefs.

Art. 11. — Il est interdit aux aéronefs d'atterrir dans les agglomérations, sauf sur les emplacements spécialement désignés par l'autorité municipale.

Art. 12. — Sauf autorisation spéciale, il est défendu aux aéronefs de passer au-dessus des zones interdites. Ces zones sont énumérées par un décret qui en définit les limites et qui est inséré au Journal Officiel.

Art. 13. — Tout aéronef qui s'engage sans autorisation au-dessus d'une zone interdite est tenu d'atterrir dès qu'il y est invité et, s'il y a impossibilité de le faire immédiatement, dès qu'il le peut.

Art. 14. — L'administration arrêtera les modes d'avertissements qui pourront être employés pour prévenir un aéronef qu'il est au-dessus d'une zone interdite et pour l'inviter à atterrir.

Art. 15. — Sauf autorisation spéciale du ministre de l'intérieur, le transport, par aéronefs, des explosifs, armes et munitions de guerre, pigeons voyageurs, est interdit.

Cette autorisation ne sera valable pour le transport des pigeons voyageurs qu'avec l'assentiment du ministre de la guerre ou de la marine quand l'aéronef sera autorisé à passer au-dessus des zones interdites.

Art. 16. — Le transport et l'usage des appareils de photographie sont interdits, à moins d'autorisation spéciale du préfet.

Cette autorisation ne sera valable qu'avec l'assentiment du ministre de la guerre ou de la marine, quand l'aéronef sera autorisé à passer au-dessus des zones interdites.

Art. 17. — Les aéronefs ne peuvent avoir à leur bord des appareils radiotélégraphiques ou radiotéléphoniques qu'à la condition d'y avoir été autorisés par le ministre des travaux publics, des postes et des télégraphes, après avis de la commission inter-ministérielle de télégraphie sans fil.

TITRE IV. — Des règies a observer lors du départ, de l'atterrissage et en cours de route.

Art. 18. — Sans préjudice de l'accomplissement des formalités fiscales, les aéronefs doivent avoir à bord, pour circuler, leurs permis de navigation, ainsi que les brevets du personnel obligé d'en être muni.

Il est tenu en outre un livre de bord.

Ces documents doivent être présentés à toute réquisition de l'autorité publique.

Art. 19. — Le livre de bord doit contenir les indications suivantes: la catégorie à laquelle appartient l'aéronef, le lieu et le numéro d'immatriculation, le nom, la nationalité, la profession et le domicile du propriétaire.

Art. 20. — Sont portés sur le livre de bord pour chaque ascension:

1° Le nom, la nationalité, le domicile du pilote et des hommes d'équipage, ainsi que les noms des voyageurs;

2° L'indication de la marche suivie en plan et en altitude toutes les fois que les circonstances le permettront; pour les ballons dirigeables, la marche en plan est indiquée sur une carte et la marche en altitude l'est à l'aide d'un barographe qu'ils sont tenus d'avoir à bord;

3° L'indication de tous les évènements intéressants, notamment les escales et les accidents survenus à l'aéronef, à l'équipage et aux autres voyageurs.

Les mentions ci-dessus énumérées sont portées sur le livre de bord autant que possible au cours de l'ascension ou, en cas d'empêchement, après l'ascension et dans un délai maximum de douze heures.

Art. 21. — Pour les appareils d'aviation, les indications relatives au personnel aux points de départ et d'arrivée, aux escales et aux accidents sont seules exigées.

Art. 22. — Le livre de bord doit être conservé pendant deux ans après la dernière inscription et être représenté à toute réquisition de l'autorité publique.

Art. 23. — Les représentants de l'autorité publique peuvent visiter tout aéronef pour exercer les droits de police et de surveillance fiscale.

Art. 24. — Quand un aéronef arrive de l'étranger, le pilote doit immédiatement prévenir le maire de la localité du point d'atterrissage qui veille à ce que le chargement, s'il y a lieu, ne puisse être distrait, ni le matériel emporté avant que les agents du fisc n'aient pu procéder aux vérifications et aux opérations nécessaires.

Art. 25. — La circulation aérienne doit être effectuée en conformité du règlement spécial annexé au présent décret et concernant notamment:

Les feux;

Les signaux phoniques;

Les règles de route et de manoeuvres;

Les signaux d'atterrissage et de détresse;

L'emploi du lest.

Art. 26. — En cas de danger couru par un aéronef, les autorités locales doivent prendre les mesures en leur pouvoir pour lui prêter assistance.

Art. 27. — Toute personne qui trouve une épave d'aéronef doit en faire la déclaration à l'autorité municipale; si l'épave est trouvée en mer, la déclaration doit être faite à l'autorité du premier port où le navire aborde.

TITRE V. — Des aéronefs publics.

Art. 28. — Sont considérés comme aéronefs publics les aéronefs affectés au service de l'Etat et se trouvant sous les ordres d'un fonctionnaire à ce dûment commissionné.

Art. 29. — Les dispositions du présent règlement sont applicables aux aéronefs publics, à l'exception des articles 2 à 10 et 17 à 23.

Les conditions techniques applicables aux appareils radiotélégraphiques et radiotéléphoniques placés à bord des aéronefs publics sont fixées par le ministère intéressé, après avis de la commission interministerielle de télégraphie sans fil.

Art. 30. — Sont considérés comme aéronefs militaires, les aéronefs publics placés sous les ordres d'un commandant portant l'uniforme et qui ont à bord un certificat établissant leur caractère militaire. Les dispositions mentionnées aux articles 12 à 16 ne leur sont pas applicables.

Art. 31. — Les aéronefs publics portent comme seule marque un signe distinctif qui est différent pour les aéronefs militaires et pour ceux dépendant des autres administrations publiques.

Art. 32. — La circulation en France des aéronefs militaires étrangers est interdite.

TITRE VI. — Dispositions diverses.

Art. 33. — Ne sont pas soumis anx dispositions des titres I et II et des articles 18 à 22, 24, 26, et 27 du titre IV les aéronefs évoluant au-dessus des aérodromes, tant que ces evolutions ne donnent pas lieu à spectacle public.

Pour les aéronefs évoluant en dehors des aérodromes dans les régions agréées par l'administration des travaux publics comme champs d'expérience, les titres I et II et les articles 18 à 22 du titre IV ne sont pas applicables.

Art. 34. — Les évolutions d'aéronefs, lorsqu'elles constituent des spectacles publics, ne peuvent avoir lieu qu'en vertu d'une autorisation du préfet, après avis du maire.

Pour les épreuves comportant un trajet au-dessus de la pleine campagne et organisées à date fixe, l'autorisation, sera donnée après avis des maires des communes où doivent avoir lieu les départs, les escales et les arrivées, par le préfet du département si un seul département est intéressé, par le ministre de l'intérieur en cas contraire.

Pour ces épreuves, comme pour les spectacles publics, la demande doit être faite un mois au moins à l'avance, afin de permettre à l'autorité compétente de prendre dans l'interêt public toutes les mesures nécessaires.

Aucune autorisation ne peut être accordée que sous réserve de l'engagement pris par le pétitionnaire de supporter les frais de surveillance et tous autres frais occasionnés à l'administration par l'épreuve.

Le pétitionnaire doit, à cet effet, déposer une consignation préalable.

Art. 35. — Les ministres des travaux publics, des postes et des télégraphes, de l'intérieur, des finances, de la guerre et de la marine sont chargés chacun en ce qui le concerne, d'assurer l'exécution du présent décret, qui sera publié au Journal officiel et inséré au Bulletin des lois.

Fait à Paris, le 21 novembre 1911.

A. Fallières.

Par le Président de la République:
Le ministre des travaux publics,
des postes et des télégraphes,
Victor Augagneur.

Le président du conseil, ministre de l'intérieur,
J. Caillaux.

Le ministre des finances,
L.-L. Klotz.

Le ministre de la guerre,
Messimy.

Le ministre de la marine,
Delcassé.

ANNEXES, — Règlement de la circulation aérienne.

1. — Règles concernant les feux.

Article premier. — Les règles concernant les feux doivent être observées par tous les temps, du coucher au lever du soleil, et, pendant cet intervalle, on ne doit montrer aucun feu pouvant être pris pour un des feux prescrits.

Feux que doivent porter les ballons dirigeables.

Art. 2. — Un ballon dirigeable faisant route, c'est-à-dire ayant une vitesse propre, doit porter:

g) A l'avant, un feu blanc brillant disposé de manière à montrer une lumière ininterrompue sur tout le parcours d'un arc horizontal de 220°, soit 110° de chaque côté de l'aéronef à partir de l'avant;

b) A droite un feu vert établi de manière à projeter une lumière ininterrompue sur tout le parcours d'un arc horizontal de 110°, c'est-à-dire depuis l'avant jusqu'à 20° sur l'arrière du travers du côté droit;

c) A gauche, un feu rouge établi de manière à projeter une lumière ininterrompue sur tout le parcours d'un arc horizontal de 110°, c'est-à-dire depuis l'avant jusqu'à 20° sur l'arrière du travers, du côté gauche.

d) Les trois feux, blanc, vert et rouge, devront être visibles dans chaque plan vertical correspondant à leurs zones respectives dans toute direction comprise entre la verticale, vers le bas, et une ligne se rapprochant autant que possible de la verticale et faisant un angle d'au moins 30° avec l'horizontale, vers le haut;

e) Les feux de côté, vert et rouge, devront être munis d'écrans disposés de telle sorté que leur lumière ne puisse être aperçue du côté opposé;

f) Le feu blanc doit être visible à une distance d'au moins 4 kilomètres, les feux vert et rouge à une distance d'au moins 2 kilomètres, par nuit noire et atmosphère pure;

g) Un ballon dirigeable devra, en outre, avoir les moyens de montrer occasionnellement un feu blanc derrière, s'il est rattrapé par un autre aéronef.

Feux des appareils d'aviation.

Art. 3. — Les règles relatives aux feux sont applicables, en principe, aux appareils d'aviation. Toutefois, par une mesure de tolérance temporaire, ils ne sont astreints qu'à porter un seul fanal, disposé de manière à montrer un feu vert à droite et un feu rouge à gauche.

Les angles de visibilité, dans le plan horizontal, doivent être ceux prévus pour les ballons dirigeables. En ce qui concerne les angles de visibilité dans le plan vertical et le minimum de visibilité des feux, il est simplement recommandé de se rapprocher autant que possible des règles qui ont été prescrites pour les ballons dirigeables.

Feu des ballons libres.

Art. 4. — Les ballons libres doivent avoir, prêt à servir, un fanal à feu blanc et le montrer à l'approche d'un autre aéronef.

II. — Signaux phoniques.

Art. 5. — a) Par les temps de brouillard, de brume, de bruine, de neige ou pendant les forts grains de pluie, les ballons dirigeables doivent, tant de jour que de nuit, faire usage de signaux phoniques puissants discontinus.

b) Dans les mêmes conditions, les ballons libres devront faire usage de signaux analogues lorsqu'ils seront dans le voisinage d'aéronefs à moteur.

c) Les règles ci-dessus ne sont applicables aux appareils d'aviation que dans la mesure du possible.

III. — Règles de route et de manoeuvres.

Art. 6. — Un aéronef à moteur doit toujours se tenir à une distance d'au moins 100 mètres de tout autre aéronef, dans toute direction horizontale, verticale ou oblique.

Art. 7. — Les aéronefs à moteur doivent toujours s'écarter des ballons libres.

Art. 8. — Lorsque deux aéronefs à moteur font des routes qui se croisent de manière à faire craindre une collision, l'aéronef qui voit l'autre sur la droite de sa propre direction doit s'écarter de la route de cet autre aéronef.

Quand, d'après la règle ci-dessus, l'un des navires aériens doit changer sa route, l'autre doit conserver la sienne et maintenir sa vitesse.

Art. 9. — Tout aéronef à moteur qui est tenu, d'après ces règles, de s'écarter de la route d'un autre aéronef doit, si les circonstances de la rencontre le permettent, éviter de couper la route de l'autre aéronef sur l'avant de celui-ci.

Art. 10. — Lorsque deux aéronefs à moteur ont le cap l'un sur l'autre ou presque l'un sur l'autre, en suivant des directions opposées ou à peu près opposées, à des altitudes peu différentes, de manière à faire craindre une collision chacun d'eux doit venir sur la droite de sa propre direction de manière à laisser l'autre sur sa gauche.

Art. 11. — Quelles que soient les prescriptions des articles qui précèdent, tout aéronef a moteur qui en rattrape un autre, doit s'écarter de la route de ce dernier.

Doit être considéré comme aéronef qui en rattrape un autre, tout aéronef qui se rapproche d'un autre en venant direction de plus de 20° sur l'arrière du travers de ce dernier, c'est-à-dire qui se trouve dans une position telle, par rapport à l'aéronef rattrapé, qu'il ne pourrait, pendant la nuit, apercevoir aucun des feux de côté de celui-ci. Aucun changement ultérieur dans le relèvement des deux aéronefs ne pourra faire considérer l'aéronef qui rattrape l'autre comme croisant la route de ce dernier, au sens de l'article 8, et ne pourra l'affranchir de l'obligation de s'écarter de la route de l'aéronef rattrapé jusqu'à ce qu'il l'ait tout à fait dépassé.

Art. 12. — Toutes les fois que les règles précédentes ne précisent pas la manoeuvre qui doit être faite, l'aéronef ou les aéronefs qui ont l'obligation de manoeuvrer peuvent le faire aussi bien dans le sens vertical que dans le sens horizontal.

Art. 13. — En cas de collision imminente les deux aéronefs doivent faire la meilleur manoeuvre possible. En particulier, le plus élevé doit manoeuvrer pour monter et l'autre pour descendre.

Lorsqu'ils sont au même niveau, en cas de croisement, celui des denx qui aperçoit l'autre sur la droite de sa propre direction doit manoeuvrer pour monter et l'autre pour descendre.

Art. 14. — Lorsqu'un ballon dirigeable a stoppé volontairement, il doit montrer une boule noire très apparente; il reste, dans ce cas, soumis aux mêmes règles que les aéronefs en marche.

S'il n'est plus maître de sa manoeuvre pour cause d'avarie, il doit montrer deux boules noires très apparentes placées verticalement l'une au-dessus de l'autre. Dans ce cas, il est assimilable aux ballons libres.

La nuit, dans les deux cas, il ne montre que le feu blanc et est assimilable aux ballons libres.

IV. — Signaux d'atterrissage et de détresse.

Art. 15. — Lorsqu'un ballon dirigeable se dispose à atterrir il doit:

De jour, faire apparaître sous la nacelle un pavillon rouge de forme triangulaire;

De nuit faire clignoter ou agiter un feu blanc, en maintenant allumés ses feux de côtés.

Art. 16. — a) En cas de détresse, au-dessus des terres comme au-dessus de la mer, un ballon dirigeable doit, dans la mesure du possible:

De jour, faire apparaître sous la nacelle un pavillon rouge triangulaire et montrer les deux boules noires superposées prévues à l article 14.

De nuit, faire agiter ou clignoter un feu blanc en éteignant ses feux de côté.

De jour comme de nuit, il peut en outre faire usage d'un signal phonique.

b) Un ballon libre en détresse doit:

De jour, montrer sous la nacelle un pavillon rouge triangulaire, et la nuit, agiter un feu blanc.

Il peut, en outre, de jour comme de nuit, faire usage d'un signal phonique.

V. — Emploi du lest.

Art. 17. — Il est interdit d'employer d'autre lest que du sable très fin ou de l'eau.

Luftfahrt und Wissenschaft

In freier Folge herausgegeben
von
Joseph Sticker

Schriftleitung und Verwaltung der Stiftungen:

Professor **A. Berson**, Dipl.-Ing. **C. Eberhardt**,
Gerichtsassessor **J. Sticker**, Professor Dr. **R. Süring**

An das vorliegende erste Heft werden sich anschließen:

Die Querschnittsformen der Vogelflügel und ihre Verwertung für Luftschrauben. Von Dipl.-Ing. **C. Eberhardt**, Ingenieur beim Luftschiffer-Bataillon, Berlin.

Experimentelle Untersuchungen aus dem Grenzgebiet zwischen drahtloser Telegraphie und Luftelektrizität. I. Teil: **Die Empfangsstörung.** Von Dr. **Max Dieckmann**, Privatdozent für reine und angewandte Physik an der Kgl. Technischen Hochschule zu München.

Physiologische und hygienische Wirkungen der Luftfahrt. Von Dr. med. **N. Zuntz**, Geh. Reg.-Rat, Professor der Physiologie an der Landwirtschaftlichen Hochschule, Berlin.

Tabellen zur astronomischen Ortsbestimmung. Von Dr. **A. Kohlschütter.**

Verlag von Julius Springer in Berlin

Universitäts-Buchdruckerei von Gustav Schade (Otto Francke)
in Berlin und Fürstenwalde (Spree).

GPSR Compliance

The European Union's (EU) General Product Safety Regulation (GPSR) is a set of rules that requires consumer products to be safe and our obligations to ensure this.

If you have any concerns about our products, you can contact us on ProductSafety@springernature.com

In case Publisher is established outside the EU, the EU authorized representative is:

Springer Nature Customer Service Center GmbH
Europaplatz 3
69115 Heidelberg, Germany

Batch number: 10585080

Printed by Printforce, the Netherlands